复旦卓越·应用型教材

食品分析实验

姜咸彪／主　编
魏雪琴／副主编

前言 Preface

　　为了贯彻教育部、发改委和财政部《关于引导部分地方普通本科高校向应用型转变的指导意见》(教发〔2015〕7号)，应用型课程建设是转型发展的"深水区"，编写应用型教材成为当务之急。以往按学科逻辑编写教材，各自独立，形成"课程孤岛"，学科型教材已不适应当前培养应用性复合型人才的需要。为了加强各学科之间联系，打破"课程孤岛"，编写模块化、项目化等应用型教材就显得十分重要。

　　食品质量与安全专业是多学科融合的专业，包含食品原料学、食品营养学、食品添加剂、微生物学、分析化学、现代仪器分析、感官评审、食品安全监督管理等学科，如何将多学科知识综合运用并融合到食品生产和食品分析的应用中，成为高校应用型转型改革的重要任务。为了突出武夷学院学生的综合实践能力，将知识技能在食品专业中交叉融合并熟练应用，我们编写出跨学科食品分析实验实训教材，有利于本校食品专业师生教学与使用，也是本书编写出发点和目的。

　　《食品分析实验》内容包括基础检测、现代仪器分析、感官评价等3个模块，共27个实验。由武夷学院多位老师参与编写，具体编写分工如下：姜咸彪编写实验一、二、四、十二、十八等5个实验及附录1—2；魏雪琴编写实验六、七、十一、十三、十五、十六等6个实验及附录3—7；王淑培编写实验三、五、八、十四等4个实验；许祯毅老师编写实验十七、十九、二十、二十一等4个实验；孙辉编写实验二十二、二十三、二十四、二十五、二十六等5个实验；陈明编写实验二十七。姜咸彪任主编兼统稿，魏雪琴任副主编。

　　福建圣农集团有限公司、福建长富乳品有限公司为此书提供大力支持，在此致以诚挚的谢意。由于编者的学识水平及实践能力有限，本书不当之处，诚望读者赐教指正，提出宝贵意见。

编　者
2019年12月

目 录 Contents

- **模块一：** 基础检测 / 1
  - 实验一　食品中水分含量的测定(常压干燥法) / 3
  - 实验二　食品中水分含量的测定(快速测定法) / 5
  - 实验三　食品中水分活度的测定 / 7
  - 实验四　食品中总灰分的测定 / 9
  - 实验五　食品中钙的测定(EDTA 滴定法) / 12
  - 实验六　食品中总酸的测定(酸碱滴定法) / 15
  - 实验七　食品中总酸的测定(pH 电位法) / 18
  - 实验八　食品中挥发酸的测定 / 21
  - 实验九　食品中脂肪的测定(索氏抽提法) / 24
  - 实验十　食品中还原糖的测定(直接滴定法) / 27
  - 实验十一　食品中还原糖和总糖的测定(比色法) / 31
  - 实验十二　食品中蛋白质的测定(微量凯氏定氮法) / 34
  - 实验十三　食品中蛋白质的测定(考马斯亮蓝法) / 38
  - 实验十四　维生素 C 含量的测定(2,6-二氯靛酚滴定法) / 40
  - 实验十五　食品中苯甲酸钠含量的测定 / 44
  - 实验十六　食品中超氧化歧化酶活性的测定(邻苯三酚自氧化法) / 48

- **模块二：** 现代仪器分析 / 51
  - 实验十七　原子吸收光谱法测定矿泉水中镁的含量 / 53
  - 实验十八　气相色谱法测定茶叶中六六六、滴滴涕含量 / 57

实验十九　高效液相色谱法测定饮料中合成色素的含量 / 61
实验二十　离子色谱法测定肉制品中的亚硝酸盐含量 / 66
实验二十一　质构仪法对面条品质的评价 / 70

模块三：感官评价 / 73

实验二十二　香精香料和基本风味物质的感官评价(味觉和嗅觉基本识别能力测定实验) / 75
实验二十三　乳制品的感官评价(液体奶风味的三点检验法实验) / 78
实验二十四　焙烤制品感官评价(饼干的偏爱度排序实验) / 80
实验二十五　仿生制品的感官评价(素火腿的描述性感官评价实验) / 83
实验二十六　软饮料的感官评价(矿泉水的风味剖析实验) / 86
实验二十七　肉制品的感官评价(肉汤的基本感官实验) / 91

附　录 / 93

附录1　实验室规则 / 95
附录2　实验室安全及防护知识 / 97
附录3　课程学习方法 / 102
附录4　实验报告作业模版 / 104
附录5　几种常用试剂的标定 / 106
附录6　常用洗涤液的配制 / 110
附录7　学术出版规范　期刊学术不端行为界定(CY/T 174—2019) / 111

参考文献 / 119

模块一：

SHIPIN FENXI SHIYAN

基础检测

实验一　食品中水分含量的测定（常压干燥法）

一、实验目的
1. 了解水分测定的意义。
2. 掌握直接干燥法测定水分的方法。
3. 掌握恒温干燥箱的正确使用方法。

二、实验原理
利用食品中水分的物理性质，在101.3 kPa（一个大气压），温度101～105 ℃下采用挥发方法测定样品中干燥减失的质量，包括吸湿水、部分结晶水和该条件下能挥发的物质，再通过干燥前后的称量数值计算出水分的含量。

三、实验仪器
1. 扁形带盖铝制或玻璃制称量皿。
2. 电热恒温干燥箱。
3. 电子天平：感量为0.1 mg。
4. 干燥器：内装有效干燥剂，如硅胶。

四、实验步骤
1. 将称量皿洗净、烘干，置于干燥器内冷却，再称重，重复上述步骤至前后两次称量之差小于2 mg。记录空皿质量 m_1。
2. 称取2～10 g样品（精确至0.000 1 g）于已恒量的称量皿中，加盖，准确称重，记录质量 m_2。
3. 将盛有样品的称量皿置于101～105 ℃的常压恒温干燥箱中，盖斜倚在称量皿边上，干燥2 h（在干燥温度达到100 ℃以后开始计时）。
4. 在干燥箱内加盖，取出称量皿，置于干燥器内冷却0.5 h，立即称重。
5. 重复步骤3、4，直至前后两次称量之差小于2 mg。记录质量 m_3。

五、实验注意事项
1. 固态样品必须磨碎，全部经过20～40目筛，混合均匀后方可测定。水分含量高的样品要采用二步干燥法进行测定。

2. 油脂或高脂肪样品,由于油脂的氧化,而可能使后一次的质量反而增加,应以前一次质量计算。

3. 对于黏稠样品(如甜炼乳或酱类),将 10 g 经酸洗和灼烧过的细海砂及一根细玻璃棒放入蒸发皿中,在 95~105 ℃ 干燥至恒重。然后准确称取适量样品,置于蒸发皿中,用小玻璃棒搅匀后放在沸水浴中蒸干(注意中间要不时搅拌),擦干皿底后置于 95~105 ℃ 干燥箱中干燥 4 h,按上述操作反复干燥至恒重。

4. 液态样品需经低温浓缩后,再进行高温干燥。

5. 根据样品种类的不同,第一次干燥时间可适当延长。

6. 易分解或焦化的样品,可适当降低温度或缩短干燥时间。

六、实验记录

实验数据记录表如表 1-1 所示。

表 1-1 实验数据记录表

称量皿质量 (m_1)/g	干燥前样品与称量皿质量 (m_2)/g	干燥后样品与称量皿(m_3)/g			
		第一次	第二次	第三次	恒重值

七、实验数据处理

$$水分含量(\%) = \frac{m_2 - m_3}{m_2 - m_1} \times 100 \tag{1-1}$$

式(1-1)中:

m_1——称量皿(或蒸发皿加海砂、玻璃棒)的质量(单位:g);

m_2——干燥前样品与称量皿(或蒸发皿加海砂、玻璃棒)的质量(单位:g);

m_3——干燥后样品与称量皿(或蒸发皿加海砂、玻璃棒)的质量(单位:g);

100——单位换算系数。

水分含量≥1 g/100 g 时,计算结果保留 3 位有效数字;水分含量<1 g/100 g 时,计算结果保留两位有效数字。精密度要求:在重复性条件下获得的两次独立测定结果的绝对差值不得超过算术平均值的 10%。

八、实验结果与讨论

请查阅相关文献,并结合下列思考题,对本次实验结果进行分析与讨论。

九、思考题

1. 影响水分测定过程中测定准确性的因素有哪些?

2. 为什么经加热干燥的称量瓶要迅速放入干燥器内冷却后再称量?

实验二　食品中水分含量的测定（快速测定法）

一、实验目的
1. 了解卤素快速水分仪测定食品中水分含量的原理。
2. 学会使用卤素快速水分仪测定食品中水分含量的方法。

二、实验原理

卤素快速水分仪图详见图 2-1。卤素快速水分仪是一种新型快速的水分检测仪器。其环状的卤素加热器确保样品在高温测试过程中均匀受热，使样品表面不易受损，快速干燥。在干燥过程中，水分仪持续测量并即时显示样品丢失的水分含量(%)，干燥程序完成后，最终测定的水分含量值被锁定显示。

与国际烘箱加热法相比，其检测结果具有良好的一致性，具有可替代性，且检测效率远远高于烘箱法。一般样品只需几分钟即可完成测定。该仪器操作简单，测试准确，显示部分采用红色数码管，示值清晰可见，分别可显示水分值、样品初值、终值、测定时间、温度初值、最终值等数据，并具有与计算机，打印机连接功能。

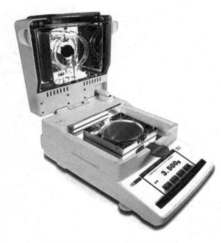

图 2-1　卤素快速水分仪

三、实验仪器
1. 卤素快速水分仪。
2. 恒温箱。

四、实验步骤
1. 将卤素水分测定仪水平放置、调整前面的底脚轮、直到水平器内的气泡调入圆圈中为止。
2. 按 ON/OFF 键天平开机，水分仪显示主屏幕。
3. 样品盘中放入适量的样品，样品尽可能要均匀水平铺在样品盘上。
4. 将卤素水分仪的电源插座插入电源插座。

5. 卤素水分仪可连接打印机,可打印出样品的编号、初始重量、测试结束的重量、测试结束时的温度、测试所用的时间及水分含量。

6. 将样品置于研钵中捣碎或捣烂后放入样品盘中,然后把样品盘放在托盘上、合上加热罩,带显示稳定后按 START/STOP 键,水分测试开始。蜂鸣器发生报警声,表示测量结束。显示屏显示出测量所用的时间、样品的水分含量、样品的初重和烘干后重量,并记录。

7. 卤素水分仪测试完毕,进行下一次试验。

五、实验结果与讨论

请查阅相关文献,并结合下列思考题,对本次实验结果进行分析与讨论。

六、思考题

1. 使用该方法测定样品中水分含量时,针对不同性状的样品如何处理?
2. 使用该方法测定样品时,影响分析结果准确性的因素有哪些?

实验三　食品中水分活度的测定

一、实验目的
1. 了解水分活度仪的工作原理。
2. 学会使用水分活度仪测定食品中的水分活度。

二、实验原理
水分活度仪法是在一定温度下,利用测定仪上的传感装置——湿敏元件,根据食品中水的蒸汽压力的变化,从仪器的表头上读出指示的水分活度(A_w 值)。在测定试样前需校正水分活度测定仪。

常见的水分活度仪主要差异在于相对湿度传感器的类型不同,如 Rotronic 采用的是湿敏电容,Novasina 采用的是湿敏电阻,而 Aqualab 采用的则是冷镜露点法。

三、仪器与试剂
1. 仪器:
(1) 水分活度测定仪。
(2) 恒温箱。
2. 试剂:氯化钡饱和溶液。

四、实验步骤
1. 仪器校正。用小镊子将两张滤纸浸在 $BaCl_2$ 饱和溶液中,待滤纸均匀地浸湿后,轻轻地把它放在仪器的样品盒内,然后将具有传感器装置的表头放在样品盒上,小心拧紧,移至 20 ℃恒温箱中维持恒温 3 h 后,再将表头上的校正螺丝拧动使 A_w 值为 0.900。重复上述过程再校正一次。

2. 样品测定。取经 15~25 ℃恒温后的不同样品各 1~2 g,置于仪器样品盒内,保持表面平整而不高于盒内垫圈底部;然后将具有传感器装置的表头置于样品盒上(切勿使表头沾上样品)轻轻地拧紧,恒温放置;不断从仪器表头上观察仪器指针的变化状况,待指针恒定不变时,所指示数值即为此温度下试样的 A_w 值。

3. 记录样品种类、温度和 A_w 值。

五、实验注意事项

1. 取样时,对于果蔬类样品应迅速捣碎或按比例取汤汁与固形物,样品需适当切细。
2. 测定前用氯化钡饱和溶液校正仪器。
3. 所用的玻璃器皿应该清洁干燥,否则会影响测量结果。
4. 测量表头为贵重的精密器件,在测定时,必须轻拿轻放,切勿使表头直接接触样品和水;若不小心接触了液体,需蒸发干燥,进行校准后才能使用。

六、实验结果与讨论

请查阅相关文献,并结合下列思考题,对本次实验结果进行分析与讨论。

七、思考题

1. 阐述测定水分活度的原理及方法。
2. 食品中的水分含量与水分活度有什么关系?
3. 阐述水分活度与食品储藏稳定性的关系。

实验四　食品中总灰分的测定

一、实验目的
1. 了解灰分测定的意义和原理。
2. 掌握灰分测定的方法。
3. 掌握马弗炉的使用方法。

二、实验原理
一定量的食品炭化后放入高温炉内灼烧,使有机物质被氧化分解成二氧化碳、氮的氧化物及水等形式逸出,剩下的残留物即为灰分,称量残留物的质量即得总灰分的含量。

三、仪器与试剂
1. 实验仪器:
(1) 高温炉:最高使用温度≥950 ℃。
(2) 分析天平:感量分别为 0.1 mg、1 mg、0.1 g。
(3) 石英坩埚或瓷坩埚。
(4) 电热板或电炉。
(5) 干燥器(内含有效干燥剂,如变色硅胶)。
(6) 坩埚钳

2. 实验试剂:
(1) 1∶4 盐酸溶液。
(2) 6 mol/L 硝酸溶液。
(3) 36% 过氧化氢。
(4) 0.5% 三氯化铁溶液和等量蓝墨水的混合液。
(5) 辛醇或纯植物油。

四、实验步骤
1. 瓷坩埚的准备。将坩埚用盐酸(1∶4)煮 1~2 h,洗净、晾干,用三氯化铁与蓝墨水的混合液在埚外壁及盖上写编号,置于 500~550 ℃ 高温炉中灼烧 1 h,于干燥器内冷却至室温,称量,反复灼烧、冷却、称量,直至两次称量之差小于 0.5 mg,记录质量 m_1。

2. 准确称取 1~20 g 样品于坩埚内,并记录质量 m_2。

3. 炭化。将盛有样品的坩埚放在电炉上小火加热炭化至无黑烟产生。

4. 灰化。将炭化好的坩埚慢慢移入高温炉 550 ℃±25 ℃,盖斜倚在坩埚上,灼烧 2~5 h,直至残留物呈灰白色为止。冷却至 200 ℃ 以下时,取出,放入干燥器冷却 30 min,称重。反复灼烧、冷却、称重,直至恒量(两次称量之差小于 0.5 mg),记录质量 m_3。

五、实验注意事项

1. 样品的取样量一般以灼烧后得到的灰分量为 10~100 mg 为宜。通常奶粉、麦乳精、大豆粉、鱼类等取 1~2 g;谷物及其制品、肉及其制品、牛乳等取 3~5 g;蔬菜及其制品、砂糖、淀粉、蜂蜜、奶油等取 5~10 g;水果及其制品取 20 g;油脂取 20 g。

2. 液样先于水浴蒸干,再进行炭化。

3. 炭化一般在电炉上进行,半盖坩埚盖,对于含糖分、淀粉、蛋白质较高的样品,为防止其发泡溢出,炭化前可加数滴辛醇或植物油。

4. 把坩埚放入或取出高温炉时,在炉口停留片刻,防止因温度剧变使坩埚破裂。

5. 在移入干燥器前,最好将坩埚冷却至 200 ℃ 以下,取坩埚时要缓缓让空气流入,防止形成真空对残灰的影响。

6. 灼烧温度不能超过 600 ℃,否则会造成钾、钠、氯等易挥发成分的损失。

六、实验记录

实验数据记录表如表 4-1 所示。

表 4-1 实验数据记录表

称量皿质量 (m_1)/g	干燥前样品与称量皿质量 (m_2)/g	干燥后样品与称量皿(m_3)/g			
		第一次	第二次	第三次	恒重值

七、实验数据处理

$$灰分含量(\%)=\frac{m_3-m_1}{m_2-m_1}\times 100 \tag{4-1}$$

式(4-1)中:

m_1——坩埚的质量(单位:g);

m_2——样品+坩埚的质量(单位:g);

m_3——残灰+坩埚的质量(单位:g)。

100——单位换算系数。

试样中灰分含量≥10 g/100 g 时，保留 3 位有效数字；试样中灰分含量＜10 g/100 g 时保留两位有效数字。在重复性条件下获得的两次独立测定结果的绝对差值不得超过算术平均值的 5%。

八、实验结果与讨论

请查阅相关文献，并结合下列思考题，对本次实验结果进行分析与讨论。

九、思考题

1. 灰分测定的操作过程中最容易引起误差的原因有哪些？如何避免？
2. 炭化时如何防止试样发泡溢出？
3. 食品中灰分的测定是否还有其他方法？该方法有哪些优势？

实验五 食品中钙的测定（EDTA 滴定法）

一、实验目的

1. 了解钙测定的意义和原理。
2. 掌握 EDTA 滴定法测定钙的方法。

二、实验原理

EDTA(乙二胺四乙酸二钠)是一种氨羧络合剂,在不同的 pH 条件下可与多种金属离子形成稳定的络合物。在适当的 pH 范围内,Ca^{2+} 与 EDTA 形成金属络合物,其稳定性大于钙与指示剂所形成的络合物。在 pH12～14 时,可用 EDTA 的盐溶液直接滴定溶液中的 Ca^{2+},终点指示剂为钙指示剂(NN),钙指示剂在 pH＞11 时为纯蓝色,可与钙结合形成酒红色的 NN-Ca^{2+}。在滴定过程中,EDTA 首先与游离态的 Ca^{2+} 结合,接近终点时夺取 NN-Ca^{2+} 中的 Ca^{2+},使溶液由酒红色变为纯蓝色即为滴定终点。根据氨羧络合剂 EDTA 的用量计算钙的含量。

三、试剂

1. 钙羧酸指示剂(NN,$C_{21}H_{14}N_2O_7S$):该试剂的水溶液和醇溶液不稳定,常用 Na_2SO_4 或 NaCl 固体与指示剂固体按 100∶1 配制成指示剂使用。

2. 1% KCN 溶液。

3. 2 mol/L NaOH 溶液。

4. 6 mol/L HCl 溶液。

5. 0.05 mol/L 柠檬酸钠溶液:称取 14.7 g 二水合柠檬酸钠,用去离子水稀释至 1 000 mL。

6. 钙标准溶液:准确称取 0.499 4 g 已在 110 ℃下干燥 2 h,并保存在干燥器内的基准碳酸钙于 250 mL 烧杯中,加少量水润湿,盖上表面皿,缓慢加入 6 mol/L HCl 10 mL 使之溶解,转入 100 mL 容量瓶中,用水定容,摇匀,此溶液含钙 0.2 mg/mL。

7. 0.01 mol/L EDTA 标准溶液:精确称取 3.700 g EDTA 二钠盐溶解并定容至 1 L,贮于聚乙烯瓶中。

四、实验步骤

1. EDTA 标准溶液的标定。准确吸取钙标准溶液 10 mL 于 100 mL 三角瓶中,加水

10 mL,用 2 mol/L NaOH 溶液调至中性,加入 1% KCN 溶液 1 滴,0.05 mol/L 柠檬酸钠溶液 2 mL,2 mol/L NaOH 溶液 2 mL,钙指示剂 5 滴,用 EDTA 滴定至溶液由酒红色变为纯蓝色为终点。记录 EDTA 的用量 V(mL)。按以下公式计算每毫升 EDTA 标准溶液相当于钙的毫克数 T:

$$T=\frac{0.2\times10}{V} \tag{5-1}$$

式(5-1)中:

T——每毫升 EDTA 标准溶液相当于钙的毫克数(单位:mg/mL);

V——消耗 EDTA 标准溶液的体积(单位:mL)。

2. 样品处理。精确称量 3～5 g 固体样品或 5～10 g 液体样品,用干法灰化后,加盐酸(1∶4)5 mL,置水浴上蒸干,再加入盐酸(1∶4)5 mL 溶解并移入 25 mL 容量瓶中,用少量热去离子水多次洗涤容器,洗液并入容量瓶中,冷却后用去离子水定容。

3. 测定。准确移取样液 5 mL(视 Ca 含量而定),注入 100 mL 锥形瓶中,加水 15 mL,用 2 mol/L NaOH 溶液调至中性,加入 1% KCN 溶液 1 滴,0.05 mol/L 柠檬酸钠溶液 2 mL,2 mol/L NaOH 溶液 2 mL,钙指示剂 5 滴,用 EDTA 溶液滴定至溶液由酒红色变为纯蓝色为终点。记录 EDTA 溶液用量 V。以蒸馏水代替样品做空白试验。

五、实验注意事项

1. 样品处理也可采用湿法消化:准确称取样品 2～5 g,加入浓硫酸 5～8 mL,浓硝酸 5～8 mL,加热消化至试液澄清透明,冷却后定容至 100 mL。吸取样液 10 mL 按上述方法操作。

2. 用盐酸溶解碳酸钙时,要用表面皿盖好烧杯后再加盐酸,以防喷溅。

3. 氰化钾是剧毒物质,必须在碱性条件下使用,以防止在酸性条件下生成 HCN 逸出。测定完的废液要加氢氧化钠和硫酸亚铁处理,使生成亚铁氰化钠后才能倒掉。

4. 加入指示剂后应立即滴定,放置过久会导致终点不明显。

六、实验记录

实验数据记录表如表 5-1 所示。

表 5-1 实验数据记录表

试样	EDTA 的标定			试样滴定			
	钙标准溶液用量/mL	滴定度/(mg/mL)	称取试样质量/g	试样消化液定容体积/mL	滴定移取样液体积/mL	消耗 EDTA/mL	空白溶液时消耗的 EDTA/mL
1							
2							
3							

七、实验数据处理

$$X = \frac{T \times (V_1 - V_0) \times V_2 \times 1\,000}{m \times V_3} \tag{5-2}$$

式(5-2)中：

X——试样中钙的含量(单位:mg/kg 或 mg/L)；

T——EDTA 滴定度(单位:mg/mL)；

V_1——滴定试样溶液时所消耗的稀释 10 倍的 EDTA 溶液的体积(单位:mL)；

V_0——滴定空白溶液时消耗稀释 10 倍 EDTA 溶液的体积(单位:mL)；

V_2——试样消化液的定容体积(单位:mL)；

1 000——换算系数；

m——试样质量(单位:g)或移取体积(单位:mL)；

V_3——滴定时移取样液的体积(单位:mL)。

计算结果保留 3 位有效数字。

八、实验结果与讨论

请查阅相关文献,并结合下列思考题,对本次实验结果进行分析与讨论。

九、思考题

1. 分析影响本实验测定过程中测定准确性的因素有哪些？如何避免？
2. 还有哪些方法可用于食品中钙的测定？

实验六 食品中总酸的测定(酸碱滴定法)

一、实验目的
1. 了解总酸测定的意义。
2. 掌握总酸测定的原理和方法。

二、实验原理
食品中的酒石酸、苹果酸、柠檬酸、草酸、乙酸等的电离常数均大于 10^{-8},可以用强碱标准溶液直接滴定,用酚酞作指示剂。当滴定至终点(溶液呈浅红色,30 s 不褪色)时,根据所消耗的标准碱溶液的浓度和体积,可计算出样品中总酸含量。该方法适用于各类色浅的食品中总酸含量的测定。

三、试剂
0.1 mol/L NaOH 标准溶液:精密称取经 105~110 ℃ 干燥至恒重的基准邻苯二甲酸氢钾约 0.4~0.6 g,置 250 mL 锥形瓶中。加入 50 mL 新煮沸过的冷蒸馏水,振摇使之完全溶解,加 1% 酚酞指示剂 2 滴,用配制的 0.1 mol/L NaOH 标准溶液滴定使溶液由无色至微红色 30 s 不褪色即为终点。同时做空白试验与平行试验。按下式计算:

$$c = \frac{m \times 1\,000}{(V_1 - V_0) \times 204.2} \tag{6-1}$$

式(6-1)中:

c——氢氧化钠标准溶液的浓度(单位:mol/L);

V_0——空白试验耗用氢氧化钠标准溶液的体积(单位:mL);

m——基准邻苯二甲酸氢钾的质量(单位:g);

V_1——滴定耗用氢氧化钠标准溶液的体积(单位:mL);

204.2——邻苯二甲酸氢钾的摩尔质量(单位:g/mol)。

2.1% 酚酞乙醇溶液——称取 1 g 酚酞溶解于 100 mL 95% 乙醇中。

四、实验步骤
1. 样品制备。样品制备分类如下:

(1) 固体样品:干鲜果蔬、蜜饯及罐头样品,用粉碎机或高速组织捣碎机捣碎并混合均匀。取适量样品(根据总酸含量的多少而增减,控制最后用碱量不少于 5 mL,最好在 10~

15 mL。若太少,可增加样品用量;若太多,减少样品用量),用 15 mL 无 CO_2 蒸馏水(果蔬干品须加 8～9 倍无 CO_2 蒸馏水)将其移入 250 mL 容量瓶中,在 75～80 ℃ 水浴上加热 0.5 h(果脯类沸水浴加热 1 h),冷却后定容,用干滤纸过滤,弃去初始滤液 25 mL,收集滤液备用。

(2) 含 CO_2 的饮料、酒类:将样品置 40 ℃ 水浴中加热 30 min,除去 CO_2 冷却后备用。

(3) 调味品及不含 CO_2 的饮料、酒类:将样品均匀后直接取样,必要时加适量水稀释(若样品浑浊,则需过滤)。

(4) 咖啡样品:将样品粉碎通过 40 目筛,去 10 g 粉碎的样品于锥形瓶中,加入 75 mL 80% 的乙醇,加塞放置 16 h,并不时摇动,过滤。

(5) 固体样品:称取 5～10 g 样品,置于研钵中,加少量无 CO_2 蒸馏水研磨成糊状,用无 CO_2 蒸馏水加入 250 mL 容量瓶中,充分振摇,过滤。

2. 测定。准确称取混合均匀磨碎的样品 10.0 g(或吸取 10.0 mL 样品液),转移到 100 mL 容量瓶中,加蒸馏水至刻度、摇匀。用滤纸过滤,准确吸取滤液 20 mL 放入 100 mL 三角瓶中,加入 1% 酚酞指示剂 2 滴,用 0.1 mol/L NaOH 标准溶液滴定至微红色,并于 30 s 不褪色为终点。记录 NaOH 用量,重复 3 次,取平均值。

五、实验注意事项

1. 滴定法适用于各种浅色食品的总酸的测定。如果是深色样品可通过加水稀释、用活性炭脱色等方法处理后再滴定。如果样液颜色过深或浑浊,则宜用电位滴定法。

2. 食品中的酸是多种有机弱酸的混合物,用强碱滴定测其含量时滴定突跃不明显,其滴定终点偏碱,一般在 pH 8.2 左右,故可选用酚酞作终点指示剂。

3. 样品浸渍、稀释用的蒸馏水不能含有 CO_2,因为 CO_2 溶于水中成为酸性的 H_2CO_3,影响滴定终点时酚酞颜色变化。无 CO_2 蒸馏水在使用前煮沸 15 min 并迅速冷却备用。必要时须经碱液抽真空处理。

4. 样品中 CO_2 对测定亦有干扰,故在测定之前将其除去。

5. 样品浸渍,稀释的用水量应根据样品中总酸含量来慎重选择,为使误差不超过允许范围,一般要求滴定时消耗 0.1 mol/L NaOH 溶液不得少于 5 mL,最好在 10～15 mL。

六、实验记录

实验数据记录表如表 6-1 所示。

表 6-1 实验数据记录表

项目	第一次	第二次	第三次
试样质量/g			
样品稀释总体积/mL			
滴定时吸取的样液体积/mL			

续表

项目	第一次	第二次	第三次
滴定消耗标准 NaOH 溶液/mL			
滴定消耗标准 NaOH 溶液平均值/mL			

七、实验数据处理

$$X = \frac{c \times V \times K \times V_0}{m \times V_1} \times 100 \tag{6-2}$$

式(6-2)中：

X——试样中的总酸度(单位:g/100 mL 或 g/100 g)；

c——标准 NaOH 溶液的浓度(单位:mol/L)；

V——滴定消耗标准 NaOH 溶液的体积(单位:mL)；

m——样品质量(单位:g)或体积(单位:mL)；

V_0——样品稀释总体积(单位:mL)；

V_1——滴定时吸取的样液体积(单位:mL)；

K——换算系数，即 1 mmol NaOH 相当于主要酸的质量(单位:g)。食品中常见的有机酸及其毫摩尔质量折算系数(单位:g/mmol)如下：

苹果酸:0.067(苹果、梨、桃、杏、李子、番茄、莴苣)；

乙酸:0.060(蔬菜罐头、酒类、调味品)；

酒石酸:0.075(葡萄及其制品)；

柠檬酸:0.070(柑橘类)；

乳酸:0.090(乳品、肉类、水产品及其制品)。

八、实验结果与讨论

请查阅相关文献，并结合下列思考题，对本次实验结果进行分析与讨论。

九、思考题

1. 本实验操作过程中最容易引起误差的原因有哪些？如何避免？
2. 标准溶液测定总酸时，终点的判断有哪些方法？

实验七　食品中总酸的测定（pH 电位法）

一、实验目的
1. 了解 pH 电位法测定总酸含量的适用范围。
2. 掌握 pH 计的使用方法。

二、实验原理
根据酸碱中和原理，用碱液滴定试液中的酸，溶液的电位发生"突跃"时，即为滴定终点，用消耗的标准碱溶液的体积计算总酸量。

三、仪器与试剂
1. 仪器：酸度计，精度±0.1(pH)。
2. 试剂：0.1 mol/L NaOH 标准溶液：精密称取经 105～110 ℃干燥至恒重的基准邻苯二甲酸氢钾约 0.4～0.6 g，置 250 mL 锥形瓶中。加入 50 mL 新煮沸过的冷蒸馏水，振摇使之完全溶解，加 1%酚酞指示剂 2 滴，用配制的 0.1 mol/L NaOH 标准溶液滴定，使溶液由无色至微红色 30 s 不褪色即为终点。同时做空白试验与平行试验。按以下公式计算：

$$c = \frac{m \times 1\,000}{(V_1 - V_0) \times 204.2} \tag{7-1}$$

式(7-1)中：

c——氢氧化钠标准溶液的浓度(单位：mol/L)；

V_0——空白试验耗用氢氧化钠标准溶液的体积(单位：mL)；

m——基准邻苯二甲酸氢钾的质量(单位：g)；

V_1——滴定耗用氢氧化钠标准溶液的体积(单位：mL)；

204.2——邻苯二甲酸氢钾的摩尔质量(单位：g/mol)。

四、实验步骤
1. 样品制备。样品制备分类如下：

(1) 固体样品：干鲜果蔬、蜜饯及罐头样品，用粉碎机或高速组织捣碎机捣碎并混合均匀。取适量样品(根据总酸含量的多少而增减，控制最后用碱量不少于 5 mL，最好在 10～15 mL。若太少，可增加样品用量；若太多，减少样品用量)，用 15 mL 无 CO_2 蒸馏水(果蔬干品须加 8～9 倍无 CO_2 蒸馏水)将其移入 250 mL 容量瓶中,在 75～80 ℃ 水浴上加热 0.5 h(果脯类沸水浴加热 1 h),冷却后定容,用干滤纸过滤,弃去初始滤液 25 mL,收集滤液备用。

(2) 含 CO_2 的饮料、酒类:将样品置 40 ℃ 水浴中加热 30 min,除去 CO_2 冷却后备用。

(3) 调味品及不含 CO_2 的饮料、酒类:将样品均匀后直接取样,必要时加适量水稀释(若样品浑浊,则需过滤)。

(4) 咖啡样品:将样品粉碎通过 40 目筛,去 10 g 粉碎的样品于锥形瓶中,加入 75 mL 80% 的乙醇,加塞放置 16 h,并不时摇动,过滤。

(5) 固体样品:称取 5～10 g 样品,置于研钵中,加少量无 CO_2 蒸馏水研磨成糊状,用无 CO_2 蒸馏水加入 250 mL 容量瓶中,充分振摇,过滤。

2. 测定。准确称取混合均匀磨碎的样品 10.0 g(或吸取 10.0 mL 样品液),转移到 100 mL 容量瓶中,加蒸馏水至刻度、摇匀。用滤纸过滤,准确吸取滤液 20 mL 放入 100 mL 烧杯中,将烧杯(放磁子)置于电磁搅拌器中,pH 计复合电极插入瓶内试液中适当位置,用标定的 0.1 mol/L 氢氧化钠慢慢中和试液中的有机酸,并随时观察溶液 pH 的变化。接近终点时,放慢滴定速度,一次滴加半滴,直至 pH 计指示 pH 8.2 后,记录消耗氢氧化钠溶液的毫升数,重复 3 次,取平均值,同时做空白试验。

五、实验注意事项

1. 酸度计使用前要校正。
2. 样品中 CO_2 对测定亦有干扰,故在测定之前对其除去。

六、实验记录

实验数据记录表如表 7-1 所示。

表 7-1 实验数据记录表

项目	第一次	第二次	第三次
试样质量/g			
样品稀释液总体积/mL			
滴定时吸取的样液体积/mL			
空白滴定时消耗标准 NaOH 溶液/mL			
滴定消耗标准 NaOH 溶液/mL			
滴定消耗标准 NaOH 溶液平均值/mL			

七、实验数据处理

$$X = \frac{c \times (V_1 - V_0) \times K \times F}{m} \times 100 \tag{7-2}$$

式(7-2)中：

X——试样中的总酸度(单位：g/100 mL 或 g/100 g)；

C——氢氧化钠标准溶液的浓度(单位：mol/L)；

V_1——样液滴定时氢氧化钠标准溶液用量(单位：mL)；

V_0——空白滴定时氢氧化钠标准溶液用量(单位：mL)；

m——样品质量(单位：g)或体积(单位：mL)；

F——试液稀释倍数，即样品稀释液总体积/滴定时吸取的样液体积，单位：mL；

K——换算系数，即 1 mmol NaOH 相当于主要酸的质量(单位：g)，食品中常见的有机酸及其毫摩尔质量折算系数(单位：g/mmol)如下：

苹果酸：0.067(苹果、梨、桃、杏、李子、番茄、莴苣)；

乙酸：0.060(蔬菜罐头、酒类、调味品)；

酒石酸：0.075(葡萄及其制品)；

柠檬酸：0.070(柑橘类)；

乳酸：0.090(乳品、肉类、水产品及其制品)

八、实验结果与讨论

请查阅相关文献，并结合下列思考题，对本次实验结果进行分析与讨论。

九、思考题

1. 本实验操作过程中最容易引起误差的原因有哪些？如何避免？
2. 对比酸碱滴定法和 pH 电位滴定法测定食品中总酸含量的优缺点。

实验八 食品中挥发酸的测定

一、实验目的
1. 了解挥发酸测定的意义。
2. 掌握挥发酸测定的原理和方法。

二、实验原理
挥发酸可用水蒸气蒸馏使之分离，加入磷酸使结合的挥发酸离析。挥发酸经冷凝收集后，用标准碱液滴定。根据消耗标准碱液的浓度和体积计算挥发酸的含量。

三、仪器与试剂
1. 仪器。水蒸气蒸馏装置如图 8-1 所示。

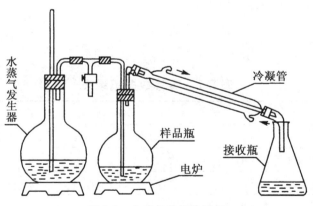

图 8-1 水蒸气蒸馏装置图

2. 试剂。所需试剂如下：
(1) 0.1 mol/L NaOH 标准溶液。
(2) 1%酚酞乙醇溶液。
(3) 10%磷酸溶液：称取 10.0 g 磷酸，用无二氧化碳的蒸馏水溶解并稀释至 100 mL。

四、实验步骤
1. 0.1 mol/L NaOH 标准溶液标定：精密称取 105～110 ℃干燥至恒重的基准邻苯二甲酸氢钾约 0.4～0.6 g，置 250 mL 锥形瓶中。加入 50 mL 新煮沸过的冷蒸馏水，振摇使之完全溶解,加1%酚酞指示剂2滴,用0.1 mol/L NaOH标准溶液滴定使溶液由无色至微红色30 s不褪色即为终点。同时做空白试验与平行试验。按以下公式计算：

$$c = \frac{m \times 1\,000}{(V_1 - V_0) \times 204.2} \tag{8-1}$$

式(8-1)中：

c——氢氧化钠标准溶液的浓度(单位:mol/L)。

V_0——空白试验耗用氢氧化钠标准溶液的体积(单位:mL)。

m——基准邻苯二甲酸氢钾的质量(单位:g)。

V_1——滴定耗用氢氧化钠标准溶液的体积(单位:mL)。

204.2——邻苯二甲酸氢钾的摩尔质量(单位:g/mol)。

2. 准确称取均匀样品2.00～3.00 g(根据挥发酸含量的多少而增减),用50 mL煮沸过的蒸馏水洗入250 mL烧瓶中。加入10%磷酸1 mL。连接水蒸气蒸馏装置,加热蒸馏至馏液达300 mL。在相同条件下做一空白试验。(蒸汽发生瓶内的水必须预先煮沸10 min,以除去二氧化碳)。

3. 将馏液加热至60～65 ℃,加入酚酞指示剂3～4滴,用0.1 mol/L氢氧化钠标准溶液滴定至微红色,并于30s不褪色为终点。

五、实验记录

实验数据记录表如表8-1所示。

表8-1 实验数据记录表

项目	第一次	第二次	第三次
试样质量/g			
空白滴定时NaOH标准溶液用量/mL			
样液滴定时NaOH标准溶液用量/mL			
样液滴定时NaOH标准溶液用量平均值/mL			

六、实验数据处理

$$\text{挥发酸含量}(\%,\text{以醋酸计}) = \frac{c \times (V_1 - V_2)}{m} \times 0.06 \times 100 \tag{8-2}$$

式(8-2)中：

c——氢氧化钠标准溶液的浓度(单位:mol/L);

V_1——样液滴定时氢氧化钠标准溶液用量(单位:mL);

V_2——空白滴定时氢氧化钠标准溶液用量(单位:mL);

m——样品质量(单位:g);

0.06——酸的换算系数,1 mmol 醋酸质量(单位:g/mmol)。

七、实验结果与讨论

请查阅相关文献,对本次实验的测定准确性进行分析。

实验九　食品中脂肪的测定（索氏抽提法）

一、实验目的

1. 了解索氏抽提法测定脂肪的原理。
2. 掌握索氏抽提法测定脂肪的方法，学习使用索氏提取器。

二、实验原理

根据脂肪能溶于乙醚等有机溶剂的特性，将样品置于连续抽提器——索氏提取器中，用乙醚反复萃取，提取样品中的脂肪后，回收溶剂所得的残留物，即为脂肪或称粗脂肪。因为提取物中除脂肪外，还含有色素、蜡、树脂、游离脂肪酸等物质。

三、仪器与试剂

1. 仪器：

(1) 索氏抽提器。

(2) 恒温水浴锅（或者电热套）。

(3) 分析天平：感量 0.001 g 和 0.000 1 g。

(4) 电热鼓风干燥箱。

(5) 干燥器：内装有效干燥剂，如变色硅胶。

(6) 滤纸筒。

(7) 蒸发皿。

2. 试剂：

(1) 无水乙醚或石油醚（沸程 30～60 ℃）。

(2) 海砂：粒度 0.65～0.85 mm，二氧化硅的质量分数不低于 99%。

(3) 滤纸筒。

四、实验步骤

1. 滤纸筒的制备。将滤纸剪成长方形 8×15 cm，卷成圆筒，直径为 6 cm，将圆筒底部封好，最好放一些脱脂棉，避免向外漏样。

2. 索式抽提器的准备。索氏抽提器由 3 部分组成，回流冷凝管、提取筒、提取烧瓶组成。提脂瓶在使用前需烘干并称至恒重，其他要干燥。

3. 样品处理。具体步骤如下：

(1) 固体样品：精确称取烘干磨细的样品 2.00～5.00 g，放入已称重的滤纸筒，封好上口。

(2) 液体或半固体：精确称取 5.00～10.00 g 于蒸发皿中，加 20 g 海沙，在水浴上蒸干，再于 100～105 ℃烘干，研细，全部移入滤纸筒内，蒸发皿及附有样品的玻璃棒用蘸有石油醚的棉花擦净，棉花也放入滤纸筒内，封好上口。

4. 抽提。将装好样的滤纸筒放入提取筒，连接已恒重的提取烧瓶，从提取器冷凝管上端加入石油醚，加入的量为提取瓶体积的 2/3。接上冷凝装置，在恒温水浴中抽提，水浴温度为 55 ℃左右，一般样品抽提 6～12 h，坚果样品提取约 16 h。提取结束时可用滤纸检验，接取 1 滴抽提液，无油斑即表明提取完毕。

5. 回收试剂。取出滤纸筒，用抽提器回收石油醚，当石油醚在提脂管内将虹吸时立即取下提取管，将其下口放到盛石油醚的试剂瓶口，使之倾斜，使液面超过虹吸管，石油醚即经虹吸管流入瓶内。

6. 称重。回收石油醚，待烧瓶内石油醚剩下 1～2 mL 时，在水浴上蒸干，再于 100～150 ℃烘箱烘至恒重，记录重量。或者采用旋转蒸发仪进行石油醚的回收和蒸干。

五、实验注意事项

1. 索氏提取法适用于脂类含量较高，结合态的脂类含量较少，能烘干磨细，不宜吸湿结块的样品的测定。此法只能测定游离态脂肪，结合态脂肪需在一定条件下水解转变成游离态的脂肪方能测出。

2. 样品含水分会影响溶剂提取效果，而且溶剂会吸收样品中的水分造成非脂成分溶出。装样品的滤纸筒要严密，不能往外漏样品，也不要包得太紧影响溶剂渗透。放入滤纸筒时高度不要超过回流弯管，否则样品中的脂肪不能提尽，造成误差。

3. 对含多量糖及糊精的样品，要先以冷水使糖及糊精溶解，经过滤除去，将残渣连同滤纸一起烘干，再一起放入提管中。

4. 抽提用的乙醚或石油醚要求无水、无醇、无过氧化物，挥发残渣含量低。

5. 提取时水浴温度不可过高，以每分钟从冷凝管滴下 80 滴左右，每小时回流 6～12 次为宜，提取过程应注意防火。

6. 抽提时，冷凝管上端最好连接一个氯化钙干燥管。这样，可防止空气中水分进入，也可避免乙醚或石油醚挥发在空气中，如无此装置可塞一团干燥的脱脂棉球。

7. 提取是否完全，可凭经验，也可用滤纸或毛玻璃检查，由抽提管下口滴下的乙醚或石油醚滴在滤纸或毛玻璃上，挥发后不留下油迹表明已抽提完全，若留下油迹说明抽提不完全。

8. 在挥发乙醚或石油醚时，切忌用直接火加热，应该用电热套、电水浴等。烘前应驱除全部残余的乙醚,因乙醚稍有残留,放入烘箱时,有发生爆炸的危险。

9. 反复加热会因脂类氧化而增重。重量增加时,以增重前的重量作为恒重。

10. 索氏提取法对大多数样品结果比较可靠,但需要周期长,溶剂量大。

六、实验记录

实验数据记录表如表 9-1 所示。

表 9-1　实验数据记录表

试样的质量(m)/g	提脂瓶的质量(m_1)/g	提脂瓶和脂肪的质量(m_2)/g			
		第一次	第二次	第三次	恒重值

七、实验数据处理

$$脂肪(\%)=\frac{m_2-m_1}{m}\times 100 \tag{9-1}$$

式(9-1)中:

m——试样的质量(单位:g);

m_1——提取烧瓶的质量(单位:g);

m_2——恒重后提取烧瓶和脂肪的质量(单位:g);

100——换算系数。

计算结果表示到小数点后一位。在重复性条件下获得的两次独立测定结果的绝对差值不得超过算术平均值的 10%。

八、实验结果与讨论

请查阅相关文献,并结合下列思考题,对本次实验结果进行分析与讨论。

九、思考题

1. 为什么索氏提取法测定的是游离态脂肪?
2. 影响脂肪测定过程中测定准确性的因素有哪些?
3. 脂肪的测定还有哪些方法?对比分析这些方法的优势。
4. 使用乙醚作脂肪提取溶剂时,注意事项有哪些?为什么?

实验十　食品中还原糖的测定（直接滴定法）

一、实验目的
1. 了解费林试剂热滴定测定还原糖的原理。
2. 能够准确测定果蔬中还原糖的含量。

二、实验原理
还原糖是指含有自由醛基或酮基的单糖和某些二糖。在碱性溶液中，还原糖将Cu^{2+}、Hg^{2+}、Fe^{3+}、Ag^+等金属离子还原，而糖本身被氧化和降解。

费林试剂是氧化剂，由甲、乙两种溶液组成。甲液含硫酸铜和亚甲基蓝（氧化还原指示剂）；乙液含氢氧化钠、酒石酸钾钠和亚铁氰化钾。将一定量的甲液和乙液等体积混合，生成可溶性的络合物酒石酸钾钠铜；在加热条件下，用样液滴定，样液中的还原糖与酒石酸钾钠铜反应，生成红色的氧化亚铜沉淀，氧化亚铜沉淀再与试剂中的亚铁氰化钾反应生成可溶性无色化合物，便于观察滴定终点。滴定时以亚甲基蓝为氧化-还原指示剂。亚甲基蓝氧化能力比二价铜弱，待二价铜离子全部被还原后，稍过量的还原糖可使蓝色的氧化型亚甲基蓝还原为无色的还原型亚甲基蓝，即达滴定终点。根据消耗样液量可计算出还原糖含量。

三、试剂
1. 碱性酒石酸铜甲液：称取15 g硫酸铜（$CuSO_4 \cdot 5H_2O$）及0.05 g次甲基蓝，溶于水中并稀释到1 000 mL。

2. 碱性酒石酸铜乙液：称取50 g酒石酸钾钠及75 g氢氧化钠，溶于水中，再加入4 g亚铁氰化钾，完全溶解后，用水稀释至1 000 mL，贮存于橡皮塞玻璃瓶中。

3. 乙酸锌溶液：称取21.9 g乙酸锌，加3 mL冰醋酸，加水溶解并稀释到100 mL。

4. 10.6%亚铁氰化钾溶液：称10.6 g亚铁氰化钾溶于水并稀释至100 mL。

5. 葡萄糖标准溶液：准确称取1.000 0 g经过98～100 ℃干燥至恒重的无水葡萄糖，加水溶解后加入5 mL盐酸（防止微生物生长），移入1 000 mL容量瓶中，用水稀释到1 000 mL。

6. 1 mol/L NaOH标准溶液。

7. 15% Na_2CO_3溶液：称15 g碳酸钠溶于水并稀释到100 mL。

8. 10% $Pb(Ac)_2$溶液：称10 g醋酸铅溶于水并稀释到100 mL。

9. 10% Na_2SO_4 溶液:称 10 g 硫酸钠溶于水并稀释至 100 mL。

四、实验步骤

1. 样品处理。具体步骤如下:

(1) 新鲜果蔬样品:将样品洗净、擦干,并除去不可食部分。准确称取平均样品 10～25 g,研磨成浆状(对于多汁类果蔬样品可直接榨取果汁吸取 10～25 mL 汁液),用约 100 mL 水分数次将样品移入 250 mL 容量瓶中,然后用 Na_2CO_3 溶液调整样液至微酸性,于 80 ℃水浴中加热 30 min。冷却后滴加中性 $Pb(Ac)_2$ 溶液沉淀蛋白质等干扰物质,加至不再产生雾状沉淀为止。蛋白质沉淀后,再加入等量同浓度的 Na_2SO_4 除去多余的铅盐,摇匀,用水定容至刻度,静置 15～20 min 后,用干燥滤纸过滤,滤液备用。

(2) 乳及乳制品、含蛋白质的冷食类:准确称取 2.5～5 g 固体样品(或吸取 25.0～50.0 mL 液体样品),用 50 mL 水分数次将样品溶解并移入 250 mL 容量瓶中。摇匀后慢慢加入 5 mL 乙酸锌溶液和 5 mL 亚铁氰化钾溶液,加水至刻度,摇匀后静置 30 min。用干燥滤纸过滤,弃去初滤液,收集滤液备用。

(3) 汽水等含二氧化碳的饮料:吸取样液 100 mL 于蒸发皿,在水浴上除去 CO_2 后,移入 250 mL 容量瓶中,用水洗蒸发皿,洗液并入容量瓶定容、摇匀。

(4) 酒精性饮料:吸取样液 100 mL 于蒸发皿,用 1 mol/L NaOH 中和至中性,在水浴上蒸发至原体积的 1/4 后,移入 250 mL 容量瓶中,加 50 mL 水,混匀。慢慢加入 5 mL 乙酸锌溶液和 5 mL 亚铁氰化钾溶液,加水至刻度,摇匀后静置 30 min。用干燥滤纸过滤,弃去初滤液,收集滤液备用。

2. 碱性酒石酸铜溶液的标定。准确吸取碱性酒石酸铜甲液和乙液各 5 mL,置于 250 mL 锥形瓶中,加水 10 mL,加玻璃珠 3 粒。从滴定管滴加约 9 mL 葡萄糖标准溶液,加热使其在 2 min 内沸腾,准确沸腾 30 s,趁热以每 2 s 1 滴的速度继续滴加葡萄糖标准溶液,直至溶液蓝色刚好褪去为终点。记录消耗葡萄糖标准溶液的总体积。平行操作 3 次,取其平均值,按以下公式计算:

$$F = c \cdot V \tag{10-1}$$

式(10-1)中:

F——10 mL 碱性酒石酸铜溶液相当于葡萄糖的质量(单位:mg);

c——葡萄糖标准溶液的浓度(单位:mg/mL);

V——标定时消耗葡萄糖标准溶液的总体积(单位:mL)。

3. 样品溶液预测。准确吸取碱性酒石酸铜甲液及乙液各 5 mL,置于 250 mL 锥形瓶中,加水 10 mL,加玻璃珠 3 粒,加热使其在 2 min 内至沸,准确沸腾 30 s,趁热以先快后慢的速度从滴定管中滴加样品溶液,滴定时要始终保持溶液呈沸腾状态。待溶液蓝色变浅时,以每

2 s 1 滴的速度滴定,直至溶液蓝色刚好褪去为终点。记录样品溶液消耗的体积。

4. 样品溶液测定。准确吸取碱性酒石酸铜甲液及乙液各 5 mL,置于 250 mL 锥形瓶中,加水 10 mL,加玻璃珠 3 粒,从滴定管中加入比预测时样品溶液消耗总体积少 1 mL 的样品溶液,加热使其在 2 min 内沸腾,准确沸腾 30 s,趁热以每 2 s 1 滴的速度继续滴加样液,直至蓝色刚好褪去为终点。记录消耗样品溶液的总体积。同法平行操作 3 份,取平均值。

五、实验注意事项

1. 费林试剂甲液和乙液应分别贮存,用时才混合,否则酒石酸钾钠铜络合物长期在碱性条件下会慢慢分解析出氧化亚铜沉淀,使试剂有效浓度降低。

2. 滴定必须在沸腾条件下进行,保持反应液沸腾可防止空气进入,也可加快还原糖与 Cu^{2+} 的反应速度。

3. 滴定时不能随意摇动锥形瓶,更不能把锥形瓶从热源上取下来滴定,以防止空气进入反应溶液中。

六、实验记录

实验数据记录表如表 10-1 所示。

表 10-1 实验数据记录表

试样	碱性酒石酸铜溶液的标定		试样滴定			
	标准葡萄糖量/mL	10 mL 碱性酒石酸铜溶液相当于葡萄糖的质量/mg	试样质量/g	消耗试样溶液的量/mL	消耗试样量平均值/mL	还原糖含量/(g/100 g)
1						
2						
3						

七、实验数据处理

$$X(\text{以葡萄糖计}) = \frac{F}{m \times F' \times V/250 \times 1\,000} \times 100 \tag{10-2}$$

式(10-2)中:

X——试样中还原糖的含量(以某种还原糖计)(单位:g/100 g);

F——10 mL 碱性酒石酸铜溶液(甲乙液各半)相当于某种还原糖的质量(单位:mg);

m——试样质量(单位:g);

F'——系数除酒精饮料为 0.8 外,其余试样皆为 1;

V——测定时平均消耗试样溶液的体积(单位:mL);

250——定容体积(单位:mL);

1 000——换算系数。

还原糖含量≥10 g/100 g 时,计算结果保留 3 位有效数字;还原糖含量<10 g/100 g 时,计算结果保留两位有效数字。

八、实验结果与讨论

请查阅相关文献,并结合下列思考题,对本次实验结果进行分析与讨论。

九、思考题

1. 为什么本实验要进行预测实验?
2. 分析讨论影响实验结果的因素有哪些,如何避免。
3. 本方法在滴定至终点时,蓝色消失,溶液呈淡黄色,过后又重新变为蓝紫色,为什么?

实验十一　食品中还原糖和总糖的测定（比色法）

一、实验目的
1. 了解 3,5-二硝基水杨酸比色法测定还原糖和总糖的原理。
2. 掌握食品中还原糖和总糖测定的操作方法。
3. 根据食品的具体类型和特征，能够设计测定食品中还原糖和总糖的实验方案。

二、实验原理
还原糖是指含游离醛基或酮基的单糖（如葡萄糖、果糖）和某些具有还原性的双糖（如麦芽糖、乳糖）。它们在碱性条件下，可变成非常活泼的烯二醇，此物质遇氧化剂时具有还原能力，本身被氧化成糖酸及其他物质。

黄色的 3,5-二硝基水杨酸(DNS)试剂与还原糖在碱性条件下共热后，自身被还原为棕红色的 3-氨基-5-硝基水杨酸，在一定范围内，反应液里棕红色深度与还原糖的含量成正比。在波长 540 nm 处测定溶液的吸光度，查标准曲线并计算，便可求得样品中还原糖的含量。

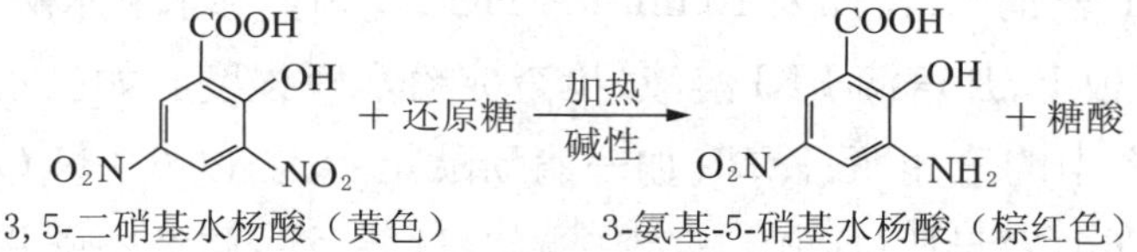

$$\underset{\text{3,5-二硝基水杨酸（黄色）}}{\begin{array}{c}\text{COOH}\\ \text{OH}\\ O_2N\quad NO_2\end{array}} + \text{还原糖} \xrightarrow[\text{碱性}]{\text{加热}} \underset{\text{3-氨基-5-硝基水杨酸（棕红色）}}{\begin{array}{c}\text{COOH}\\ \text{OH}\\ O_2N\quad NH_2\end{array}} + \text{糖酸}$$

图 11-1　3,5-二硝基水杨酸比色法反应机理

非还原性的双糖（如蔗糖）以及多糖（如淀粉），可用酸水解法彻底水解成单糖，再借助于测定还原糖的方法，可推算出总糖的含量。由于多糖水解时，在每个单糖残基上加了一分子水，因而在计算时，须扣除加入的水量，当样品里多糖含量远大于单糖含量时，则比色法测定所得总糖含量应乘以折算系数$(1-18/180)=0.9$，即得比较接近实际样品总糖的含量。

3,5-二硝基水杨酸比色法可用于水产、果蔬、天然产物、淀粉及其制品中可溶性糖和还原糖的含量的测定。

三、仪器与试剂
1. 仪器：分光光度计。
2. 试剂：

(1) 1 mg/mL 葡萄糖标准液：预先将分析纯葡萄糖置 80 ℃烘箱内约 12 h；精确称取 500 mg 于烧杯中，用蒸馏水溶解后，转移至 500 mL 容量瓶中，定容，摇匀，4 ℃冰箱中能保存备用。

(2) 3，5-二硝基水杨酸溶液(DNS 试剂)：称取 3，5-二硝基水杨酸 5.0 g 溶于 200 mL 2 mol/L NaOH 溶液中(不宜高温促溶)；再加入 500 mL 含 130 g 酒石酸钾钠的溶液，混匀；最后加入 5 g 结晶酚和 5 g 亚硫酸钠，搅拌溶解，定容至 1 000 mL，暗处保存。

(3) I-KI 溶液：称取 5 g 碘和 10 g 碘化钾，溶于 100 mL 蒸馏水中。

(4) 酚酞指示剂：称取 1 g 酚酞，溶于 95％乙醇中，并用 95％乙醇稀释至 100 mL。

(5) 6 mol/L HCl 和 6 mol/L NaOH。

四、实验步骤

1. 样品中还原糖和总糖的提取。具体方法如下：

(1) 样品中还原糖的提取：称取 3 g 试样(面粉)，标准记录实际重量(W_1)，放入 100 mL 的烧杯中。用量筒取 50 mL 蒸馏水，先倒入烧杯中少量蒸馏水(约 5 mL)，调成糊状，再加完水，搅匀。置 50 ℃恒温水浴锅保温 20 min，使试样中的还原糖充分浸出，溶于水中。将烧杯中的试样糊搅起，转入离心管中。取 20 mL 水分两次洗烧杯中的残渣，并入离心管中。每组离心管在天平上平衡，放入离心机，转速为 3 000 转/分钟。离心 10 min 后，将上清液转入 100 mL 容量瓶(A)中，定容至刻度，混匀。(A)溶液作为还原糖待测液备用。

(2) 样品中总糖的提取：称取 1 g 试样，标准记录实际重量(W_2)。放入 100 mL 三角瓶中，先加入 15 mL 蒸馏水，再加入 10 mL 6N HCl，搅匀置沸水浴水解 30 min。用玻棒取一滴水解液于白瓷板上，加一滴 I-KI 溶液，检查淀粉水解程度。如已水解完全，则不显蓝色，可以取出沸水浴中的三角瓶，冷却，加一滴酚酞指示剂，以 6N NaOH 滴加至微红色。将溶液转移至 100 mL 容量瓶(B_1)中，定容，混匀，过滤(注：滤纸不能用蒸馏水湿润)。精确吸取滤液 10 mL，移入另一个 100 mL 容量瓶(B_2)中，稀释定容，混匀。(B_2)液作为总糖待测液备用。

2. 标准葡萄糖浓度梯度和样品待测液的测定。取 10 支 25 mL 刻度试管，从 0 至 9 编号，按下表顺序操作并填写实验数据。

五、实验注意事项

1. 标准曲线制作与样品测定尽量同时进行显色，并使用同一参比溶液调零点和比色。

2. 用分光光度计比色时，应注意每次都应该把比色皿用蒸馏水洗两遍，再用待测液润洗，之后再装待测液。

六、实验记录

实验数据记录表如表 11-1 所示。

表 11-1 3,5-二硝基水杨酸比色法实验数据记录表

管号	空白	标准葡萄糖浓度梯度					还原糖		总糖	
	0	1	2	3	4	5	6	7	8	9
1 mg/mL 葡萄糖标准液(mL)	0	0.2	0.4	0.6	0.8	1.0				
样品待测液(mL)							1.0	1.0	1.0	1.0
蒸馏水(mL)	2.0	1.8	1.6	1.4	1.2	1.0			1.0	1.0
DNS 试剂(mL)	2	2	2	2	2	2	2	2	2	2
加热	同时在沸水浴加热 5 min 取出(准确)									
冷却	立即用冷水冷却至室温									
定容	用蒸馏水定容至 10 mL									
摇匀	塞紧试管口,颠倒混匀									
吸光度($A_{540\,nm}$)							$A_1=$		$A_2=$	
含糖量(mg)	0	0.2	0.4	0.6	0.8	1.0				

七、实验数据处理

1. 绘制葡萄糖标准曲线。以葡萄糖含量(单位:mg)为横坐标,以吸光度为纵坐标,在方格坐标纸上画出一条经过或接近 0 至 5 号点的直线,即标准葡萄糖的浓度梯度曲线。

2. 样品待测液含糖量查找。还原糖含量查找:先求出还原糖待测液平均吸光度 $A_1=(A_6+A_7)/2$,填入表中,再从标准曲线上用虚线引出相应的还原糖含量。

总糖含量查找:同理,求出 $A_2=(A_8+A_9)/2$,再从标准曲线上查得总糖含量。

3. 计算:

还原糖含量(%)=[(葡萄糖质量 mg×稀释倍数)/样品质量 mg]×100

总糖含量(%)=[(水解后还原糖质量 mg×稀释倍数)/样品质量 mg]×100

八、实验结果与讨论

请查阅相关文献,并结合下列思考题,对本次实验结果进行分析与讨论。

九、思考题

1. 在被测样品中,还原糖可能是哪些糖? 总糖包括哪些糖?

2. 在样品总糖提取时,为什么要用浓 HCl 处理? 而在其测定前,又为何要用 NaOH 中和?

3. 标准葡萄糖浓度梯度和样品含糖量的测定为什么要同步进行? 比色时,设一个 0 号管的意义是什么?

实验十二 食品中蛋白质的测定(微量凯氏定氮法)

一、实验目的
1. 掌握微量凯式定氮法测定蛋白质的方法。
2. 了解微量定氮装置的原理及应用。

二、实验原理
食品试样与浓硫酸和催化剂一同加热消化,使蛋白质分解,其中碳和氢被氧化为二氧化碳和水逸出,而样品中的有机氮转化为氨与硫酸结合成硫酸铵。硫酸铵用氢氧化钠中和生成氢氧化铵,加热又分解为氨,用硼酸吸收。吸收氨后的硼酸再以标准盐酸或硫酸溶液滴定,根据标准酸消耗量可计算出蛋白质的含量。

三、仪器与试剂
1. 仪器:凯式烧瓶、微量凯式定氮装置,如图12-1所示。

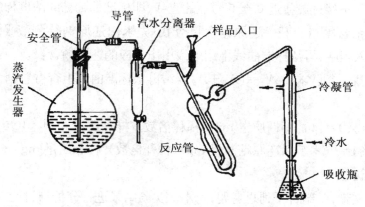

图12-1 微量凯氏定氮蒸馏装置

2. 试剂:

(1) 4%硼酸吸收液:20 g 硼酸(化学纯)溶解于500 mL 热水中,摇匀备用。

(2) 甲基红—溴甲酚绿混合指示剂:5 份 0.2%溴甲酚绿 95%乙醇溶液与 1 份 0.2%甲基红乙醇溶液混合。

(3) 40%氢氧化钠溶液。

(4) 浓硫酸。

(5) 硫酸钾。

(6) 硫酸铜。

(7) 0.01 mol/L 盐酸标准溶液。

四、实验步骤

准确称取固体样品 0.2～2 g(半固体样品 2～5 g,液体样品 10～20 mL),小心移入干燥洁净的 250 mL 凯氏烧瓶中,然后加入研细的硫酸铜 0.25 g、硫酸钾 5 g 和浓硫酸 10 mL,轻轻摇匀后,用电炉以小火加热,待泡沫停止产生后,加大火力,至液体变蓝绿色透明后,再继续加热微沸 30 min。

消化液待冷却后用水移入 100 mL 容量瓶中,加水至刻度。按图装好微量定氮装置,准确移取消化液 10 mL 于反应管内,再加入 10 mL 氢氧化钠溶液使呈强碱性,用少量蒸馏水洗漏斗数次,夹好漏斗夹,进行水蒸气蒸馏。冷凝管下端预先插入盛有 10 mL 4% 硼酸吸收液(加有 2～3 滴的混合指示剂)锥形瓶的液面下。蒸馏至吸收液中所加的混合指示剂变为绿色开始计时,继续蒸馏 5 min(颜色变蓝),将冷凝管尖端提离液面再蒸馏 1 min,用蒸馏水冲洗冷凝管尖端后停止蒸馏。

馏出液立即用 0.01 mol/L 盐酸标准溶液滴定至灰红色为终点,记录盐酸溶液用量。同时作一空白试验(除不加样品外,从消化开始操作完全相同),记录空白实验盐酸溶液用量。

五、实验注意事项

1. 消化过程中应不时转动凯式烧瓶,以便利用冷凝酸液将附在瓶壁上的固体残渣洗下来并促进消化。

2. 蒸馏前给蒸汽发生器内装水至 2/3 容积处,加数毫升稀硫酸及数滴甲基橙指示剂以使其始终保持酸性,水应呈橙红色,如变黄色时,要补加酸,这样可以避免在碱性时水中的游离氨被蒸出而影响测定结果。

3. 在蒸馏时,蒸汽发生要均匀充足,蒸馏过程中不得停火断气,否则将发生倒吸。

4. 加碱要足量,操作要迅速;漏斗应采用水封措施,以免氨逸出损失。

5. 凯氏定氮过程中,防止氨的损失可采用以下措施:

(1) 装置搭建好了之后要先进行检漏,利用虹吸原理;

(2) 在蒸汽发生瓶中要加甲基橙指示剂数滴及硫酸数以使其始终保持酸性,以防水中氨蒸出;

(3) 加入 NaOH 一定要过量,否则氨气蒸出不完全;

(4) 加样小漏斗要水封;

(5) 夹紧废液蝴蝶夹后再通蒸汽;

(6) 在蒸馏过程中要注意接头处有无松漏现象,防止漏气;

(7) 冷凝管下端先插入硼酸吸收液液面以下才能通蒸汽蒸馏;

(8) 硼酸吸收液温度不应超过 40 ℃,避免氨气逸出;

(9) 蒸馏完毕后,应先将冷凝管下端提离液面,再蒸 1 min,将附着在尖端的吸收液完全洗入吸收瓶内,再将吸收瓶移开。

六、实验记录

实验数据记录表如表 12-1 所示。

表 12-1　实验数据记录表

项目	第一次	第二次	第三次
试样质量/g			
样品消化液/mL			
滴定消耗盐酸标准溶液/mL			
滴定消耗盐酸标准溶液平均值/mL			

七、实验数据处理

$$X=\frac{(V_1-V_2)\times c\times 0.014\,0}{m\times V_3/V_4}\times F\times 100 \tag{12-1}$$

式(12-1)中:

X——试样中蛋白质的含量(单位:g/100 g);

V_1——试样消耗硫酸或盐酸标准溶液体积(单位:mL);

V_2——试样空白时消耗硫酸或盐酸标准溶液体积(单位:mL);

c——硫酸或盐酸标准溶液的浓度(单位:mol/L);

0.014 0——1.0 mL 硫酸[1.000 mol/L]或盐酸[1.000 mol/L]标准滴定溶液相当的氮的质量(单位:g);

m——试样的质量(单位:g);

V_3——吸取消化液的体积(单位:mL);

V_4——消化液定容体积(单位:mL);

F——氮换算为蛋白质的系数。

100——换算系数。

蛋白质含量≥1 g/100 g 时,结果保留 3 位有效数字;蛋白质含量<1 g/100 g 时,计算结果保留两位有效数字。在重复条件下获得的两次独立测定结果的绝对差值不得超过算术平均数的 10%。

八、实验结果与讨论

请查阅相关文献,并结合下列思考题,对本次实验结果进行分析与讨论。

九、思考题

1. 本实验在蒸馏过程时为什么要加入 NaOH?加入量对测定结果有何影响?
2. 分析讨论影响蛋白质测定过程中测定准确性的因素有哪些,如何避免。
3. 本实验中凯式定氮法测定蛋白质的操作是否可以改进?

实验十三 食品中蛋白质的测定（考马斯亮蓝法）

一、实验目的
1. 学习和掌握考马斯亮蓝 G-250 法测蛋白质含量的原理和方法。
2. 掌握分光光度计的使用方法和原理。

二、实验原理
考马斯亮蓝 G-250 法测蛋白质含量属于一种染料结合法，考马斯亮蓝 G-250 是一种蛋白质染料，在游离状态下最大吸收波长为 464 nm，由于它所含的疏水基团与蛋白质的疏水微区具有亲和力，通过疏水键与蛋白质结合，当它与蛋白质结合形成蛋白质-染料复合物后，其最大吸收波长从 464 nm 移到 595 nm 处。

在一定蛋白质浓度范围内，蛋白质—染料复合物 595 nm 处的光吸收与蛋白质量成正比。故可用于蛋白质含量测定。蛋白质与考马斯亮蓝 G-250 结合在 2 min 左右达到平衡，其生成的复合物在 1 h 内保持稳定。该反应非常灵敏，蛋白质最低检测量为 5 μg，而且此法操作方便、快速，干扰物质少，所以是一种比较好的蛋白质的定量测定方法。

蛋白质是生命活动的承担着，是人及各种生物的最重要的营养素之一，是衡量奶粉、肉制品等食品的重要的指标，蛋白质含量的测定是食品工业品控和营养分析中常用的技术之一。

三、仪器和试剂
1. 仪器：
(1) 分光光度计。
(2) 离心机。

2. 试剂：
(1) 牛血清白蛋白标准液(100 ug/mL)。精确称取 0.010 g 牛血清白蛋白，溶于约 50 mL 蒸馏水，定容到 100 mL。
(2) 考马斯亮蓝 G-250 试剂。取 100 mg 考马斯亮蓝 G-250，溶于 50 mL 95%乙醇中，加入 85%正磷酸 100 mL，最后用蒸馏水定容到 1 000 mL，此试剂在常温下可放 1 个月。

四、实验步骤
1. 样品液的制备。具体步骤如下：

(1) 称取试样(新鲜绿豆芽下胚轴)2 g 于研钵中,加蒸馏水 4 mL,匀浆,转移到离心管中。

(2) 再用 50 mL 蒸馏水分 3 次洗涤研磨,洗涤液一并收集于离心管中,放置半小时至 1 h 以充分提取,在 4 000 RPM 离心 10 min,弃去沉淀上清液,转入 100 mL 容量瓶,以蒸馏水定容到 100 mL 待测。

2. 标准曲线制作及样品测定。取 8 试管,按 0 至 7 编号,各管如表 13-1 所示操作。

表 13-1　标准曲线的制作和样品的测定

试剂＼管号	0	1	2	3	4	5	6	7
100 ug/mL 牛血清蛋白标准液/mL	0	0.2	0.4	0.6	0.8	1.0		
样品待测液/mL							0.5	0.5
蒸馏水/mL	1.0	0.8	0.6	0.4	0.2		0.5	0.5
考马斯亮蓝 G-250	5.0	5.0	5.0	5.0	5.0	5.0	5.0	5.0
各管均匀,室温下放置 5 min,在 λ＝595 n 处比色								
吸光度(OD_{595})								
蛋白质含量/μg	0	20	40	60	80	100	A_{595}	

五、实验注意事项

1. 染料—蛋白复合物形成受温度和时间影响较大,反应需控制在同一条件下进行。

2. 比色皿易受蓝色染料污染,可用乙醇清洗。

六、实验数据处理

以蛋白质含量(μg)为横坐标,OD_{595} 为纵坐标,利用 excel 绘制标准曲线。根据样品管(6、7 号)OD 值的平均数(A_{595}),从标准曲线中求得蛋白含量微克数(Y)。计算试样中的蛋白质的含量。

七、实验结果与讨论

请查阅相关文献,并结合下列思考题,对本次实验结果进行分析与讨论。

八、思考题

1. 试分析本法的缺点,如何克服不利因素对测定的影响?

2. 利用蛋白质的呈色反应来测定蛋白质含量的方法有哪些?试比较它们的优缺点。

实验十四　维生素 C 含量的测定（2，6-二氯靛酚滴定法）

一、实验目的
1. 了解测定维生素 C 的意义。
2. 掌握测定维生素 C 的方法和原理。

二、实验原理
还原型 V_C 可以还原 2，6-二氯靛酚染料。还原型 V_C 还原染料后，本身被氧化成脱氢抗坏血酸。在酸性溶液中氧化型 2，6-二氯靛酚呈红色，在中性或碱性溶液中呈蓝色，被还原后红色消失。因此，当用 2，6-二氯靛酚滴定含有还原型 V_C 的酸性溶液时，还原型 V_C 尚未全部被氧化，滴下的 2，6-二氯靛酚溶液立即被还原为无色；还原型 V_C 全部被氧化时，则滴下的 2，6-二氯靛酚溶液呈红色。所以，在测定过程中当溶液从无色转变成微红色时，表示还原型 V_C 全部被氧化，此时即为滴定终点。在无杂质干扰时，一定量的样品提取液还原染料的量与样品中所含还原型抗坏血酸的量成正比，根据染料用量就可计算样品中还原型抗坏血酸含量。

三、仪器与试剂
1. 仪器：高速组织捣碎机、分析天平。
2. 试剂：

(1) 1%草酸溶液：称取 10 g 草酸($C_2H_2O_4 \cdot 2H_2O$)溶解于水并稀释至 1 L。

(2) 2%草酸溶液：称取 20 g 草酸溶解于水并稀释至 1 L。

(3) 1%淀粉溶液：称 1 g 淀粉溶解于 100 mL 水中加热煮沸，边加热边搅拌。

(4) 6%碘化钾溶液：称 6 g 碘化钾溶解于 100 mL 水中。

(5) 0.001 mol/L 碘酸钾标准溶液：精确称取干燥的碘酸钾 0.356 7 g，用水稀释至 100 mL，取出 1 mL，用水稀释至 100 mL，此溶液 1 mL 相当于抗坏血酸 0.088 mg。

(6) 抗坏血酸标准溶液：准确称取 20 mg 抗坏血酸，溶于 1%草酸中并定容至 100 mL 棕色容量瓶，置冰箱中保存。用时取出 5 mL，置于 50 mL 容量瓶中，用 1%草酸溶液定容，配成 0.02 mg/mL 的标准使用液。

标定：吸取标准使用液 5 mL 于三角瓶中，加入 6%的碘化钾溶液 0.5 mL，1%淀粉溶液

3滴,再以 0.001 mol/L 碘酸钾标准溶液滴定,终点为淡蓝色。

计算:

$$c = \frac{V_1 \times 0.088}{V_2} \tag{14-1}$$

式(14-1)中:

c——抗坏血酸标准溶液的浓度(单位:mg/mL);

V_1——滴定时消耗 0.001 mol/L 碘酸钾标准溶液的体积(单位:mL);

V_2——滴定时所取抗坏血酸标准溶液的体积(单位:mL);

0.088——1 mL 碘酸钾标准溶液(0.001 mol/L)相当于抗坏血酸的量(单位:mg/mL)。

(7) 2,6-二氯靛酚钠溶液。

配制:称取 52 mg 碳酸氢钠(NaHCO$_3$)溶解在 200 mL 沸水中,然后再称取 50 mg 2,6-二氯靛酚钠溶于上述碳酸氢钠溶液中。冷却,保存在冰箱中过夜。次日过滤于 250 mL 棕色容量瓶中,定容。

标定:吸取 5 mL 抗坏血酸标准溶液,加 1% 草酸溶液 5 mL,摇匀,用 2,6-二氯靛酚钠溶液滴定,至溶液呈粉红色 15 s 不褪色为止。同时,另取 10 mL 1% 草酸做空白试验。2,6-二氯靛酚钠溶液的滴定度按下式计算:

$$T = \frac{c \times V_1}{V_2 - V_0} \tag{14-2}$$

式(14-2)中:

T——每毫升 2,6-二氯靛酚钠溶液相当于抗坏血酸的毫克数(单位:mg/mL);

c——抗坏酸的浓度(单位:mg/mL);

V_1——抗坏血酸标准溶液的体积(单位:mL);

V_2——滴定抗坏血酸标准溶液消耗 2,6-二氯靛酚钠的体积(单位:mL)。

V_0——滴定空白所消耗 2,6-二氯靛酚钠的体积(单位:mL)。

四、实验步骤

1. 样液制备。具体步骤如下:

(1) 鲜样制备:称 5~10 g 鲜样,放入组织捣碎机中,加 2% 草酸 20 mL 迅速捣成匀浆。4 层纱布过滤,滤液备用,纱布用少量 2% 草酸洗数次,合并滤液,滤液总体积用 2% 草酸定容至 100 mL 容量瓶中(若有泡沫可加入 2 滴辛醇除去)。若滤液有色,可按每克样品加 0.4 g 白陶土脱色后再过滤。

(2) 多汁果蔬样品制备:榨汁后,用棉花快速过滤,直接量取 10~20 mL 汁液(含抗坏血酸 1~5 mg),立即用 2% 草酸浸提剂定容至 100 mL,待测。

2. 测定。吸取 10 mL 滤液于 100 mL 三角瓶中，用已标定过的 2,6-二氯靛酚钠溶液滴定，直到溶液呈粉红色 15 s 不褪色为止。另取 10 mL 1% 草酸做空白对照滴定。

五、实验注意事项

1. 本方法适用于水果、蔬菜及其加工制品中还原型抗坏血酸的测定（不含二价铁、二价锡、二价铜、亚硫酸盐或硫代硫酸盐）。

2. 动物性样品，须用 10% 三氯醋酸代替草酸溶液提取。

3. 2,6-二氯靛酚钠溶液应贮于棕色瓶中冷藏，每星期应标定一次。

4. 滴定时，可同时吸两个试样，其中一个滴定，另一个作为观察颜色变化的参考。

5. 滴定过程要迅速，一般不应超过 2 min，滴定用染料应在 1～4 mL 之间，否则应该改变样品量或将提取液适当稀释。

六、实验记录

实验数据记录表如表 14-1 所示。

表 14-1　实验数据记录表

项目	第一次	第二次	第三次
试样质量/g			
样品定容体积/mL			
滴定时吸取样品溶液体积/mL			
滴定空白时消耗染料溶液的体积/mL			
滴定样液时消耗染料溶液的体积/mL			
滴定样液时消耗染料溶液体积平均值/mL			

七、实验数据处理

$$X = \frac{T \times (V_1 - V_0) \times V_2}{m \times V_3} \times 100 \tag{14-3}$$

式(14-3)中：

X——样品中 V_C 的含量（单位：mg/100 g）；

V_1——滴定样液时消耗染料溶液的体积（单位：mL）；

V_0——滴定空白时消耗染料溶液的体积（单位：mL）；

V_2——样品定容体积（单位：mL）；

V_3——滴定时吸取样品溶液体积（单位：mL）；

T——1 mL 染料溶液相当于抗坏血酸溶液的量（单位：mg/mL）；

m——试样质量(单位:g)。

八、实验结果与讨论

请查阅相关文献,并结合下列思考题,对本次实验结果进行分析与讨论。

九、思考题

1. 本方法能否用于测定食品中维生素 C 的总量?
2. 抗坏血酸标准溶液使用前为什么必须进行标定?其配制过程有什么特殊要求?
3. 试分析影响本次实验结果的因素有哪些?如何避免?

实验十五 食品中苯甲酸钠含量的测定

一、实验目的
1. 进一步了解和熟悉紫外分光光度计的原理和结构,学习紫外分光光度计的操作。
2. 掌握紫外分光光度法测定苯甲酸钠的吸收光谱图。
3. 掌握标准曲线法测定样品中苯甲酸钠的含量。

二、实验原理
为了防止食品在储存、运输过程中发生腐蚀、变质,常在食品中添加少量防腐剂。防腐剂使用的品种和用量在食品卫生标准中都有严格的规定,苯甲酸及其钠盐、钾盐是食品卫生标准允许使用的主要防腐剂之一,其使用量一般在 0.1% 左右。苯甲酸具有芳香结构,在波长 225 nm 和 272 nm 处有 K 吸收带和 B 吸收带。根据苯甲酸(钠)在 225 nm 处有最大吸收,测得其吸光度即可用标准曲线法求出样品中苯甲酸的含量。

三、仪器与试剂
1. 紫外可见分光光度计,1.0 cm 石英比色皿,50 mL 容量瓶。
2. NaOH 溶液(0.1 mol/L)。

四、实验步骤
1. 苯甲酸钠标准溶液的配制:

(1) 苯甲酸钠标准贮备液(1.000 g/L):准确称量经过干燥的苯甲酸钠 1.000 g(105 ℃干燥处理 2 h)于 1 000 mL 容量瓶中,用适量的蒸馏水溶解后定容。该贮备液可置于冰箱保存一段时间。

(2) 苯甲酸钠标准溶液(100.0 mg/L):准确移取苯甲酸钠储备液 10.00 mL 于 100 mL 容量瓶中,加入蒸馏水稀释定容。

(3) 系列标准溶液的配制:分别准确移取苯甲酸钠标准溶液 1.00 mL、2.00 mL、3.00 mL、4.00 mL 和 5.00 mL 于 6 个 50 mL 容量瓶中,各加入 0.1 mol/L NaOH 溶液 1.00 mL 后,用蒸馏水稀释定容。得到浓度分别为 2.0 mg/L、4.0 mg/L、6.0 mg/L、8.0 mg/L 和 10.0 mg/L 的苯甲酸钠系列标准溶液。

2. 市售饮料的配制:准确移取市售饮料 0.5 mL 于 50 mL 容量瓶中,用超声脱气 5 min 驱赶二氧化碳后,加入 0.1 mol/L NaOH 溶液 1.00 mL,用蒸馏水稀释定容。

3. 仪器使用:根据实验实际使用的仪器设备型号选择具体操作步骤。

方法Ⅰ:开机,待系统预热 15 min 后,选择"光度计模式",通过"GOTOλ"键设置测定波长,按"ENTER"键确定后即可进行标准曲线和样液的测定。试样和标准工作曲线的实验条件应完全一致,并使用同一参比溶液调零点和比色。

方法Ⅱ:

(1) 开机:①打开计算机、打印机。②打开主机开关,双击软件图标 UVProbe,点击"Connect"与仪器联机,仪器开始自检,通过后按"OK"。

(2) 吸收光谱的测定:①选择"Window"→"Spectrum",打开光谱模块。②选择"Edit"→"Method",设定波长范围(从大到小),扫描速度(Fast),采样间隔(1.0),扫描方式(Single),Instrument Parameters(Absorbence)。③样品池和空白池均放上 2.5 mL 缓冲溶液,点击光度计按键条中的"Baseline",启动基线校正,点击"确定"。注:在开始基线校正之前,确认样品或参比光束无任何障碍物,且样品室中没有样品。④参比池中加入缓冲溶液,样品池中加入苯甲酸钠标准液,点击按键条中的"Start",测定紫外可见吸收光谱。⑤扫描完成后,在弹出的新数据采集对话框中输入样品名,点击"确定"。⑥图谱保存:选择"File"→"Save as",在对话框顶部的保存位置中选择适当的路径,输入文件名,保存类型中选择 Spc,点击"保存"。⑦最大吸收峰:选择"Operations"→"Peak Pick",找到最大吸收峰对应的波长。

(3) 标准曲线法测定待测样品的浓度:①选择"Window"→"Photometric",打开测量光度模块。②选择"Edit"→"Method",设置合适的波长("Wavelength"),如 225 nm,点击"Add",点击选定的 Wavelength,根据提示,点击"next"→"next"→"方法",设定保存路径,点击"保存"。③样品池和空白池均放上 2.5 mL 缓冲溶液,点击光度计按键条中的"Cell blank",进行背景校正。④标准曲线:在 Standard table 框里输入 Sample ID(从 1 开始),标准溶液的浓度"Concentration",输入完毕,将光标移到 WL225 下。在样品池中由稀到浓,依次放入系列标准溶液,点击按键条中的"Read std",依次读出标准系列溶液的吸光度值(浓度为 0 的空白液可先按"自动归零"后再读数)。⑤点击"Graph"→"Standard Curve Statistics"→"Equation","Correlation Coefficient",得到标准曲线的方程和相关系数。⑥同样,样品池中分别各种饮料的样液,在 Sample table 框里输入 Sample ID,点击按键条中的"Read std",读出待测溶液的浓度和对应的吸光度值。

(4) 关机:点击菜单中"Instrument"→"configure"→"maintenance",进入界面后点击"D2""W1",关闭氘灯和钨灯,再点击按键条中"Disconnect",然后关仪器软件,最后关电脑和仪器电源。

五、实验注意事项

不同品牌的饮料中苯甲酸钠含量不同,移取时样品量可酌情增减。

六、实验记录

标准曲线实验数据记录表如表 15-1 所示，实验数据记录表如表 15-2 所示。

表 15-1　标准曲线实验数据记录表

编号	标准品浓度/(mg/L)	A_{225}
1		
2		
3		
4		
5		
6		

表 15-2　实验数据记录表

	第一次	第二次	第三次
稀释倍数			
A_{225}			

七、实验数据处理

利用 Excel 绘制标准曲线，并计算样品中苯甲酸含量。

八、实验结果与讨论

请查阅相关文献，并结合下列思考题，对本次实验结果进行分析与讨论。

九、思考题

1. 苯甲酸系列标准溶液的配制为什么要采用逐级稀释方法？
2. 影响分光光度计法测定食品中苯甲酸含量的因素有哪些？如何避免？
3. 以下是某组同学对雪碧中的苯甲酸钠含量进行测定的结果，试从误差角度以及数据处理规范角度评价该实验结果。

（1）标准曲线绘制：

编　号	标准溶液浓度/(mg/L)	A_{225}	$A_{225溶液} - A_{225空白}$
1	0.0	0.054	0
2	2.0	0.179	0.125
3	4.0	0.292	0.238
4	6.0	0.406	0.352
5	8.0	0.529	0.475
6	10.0	0.629	0.575

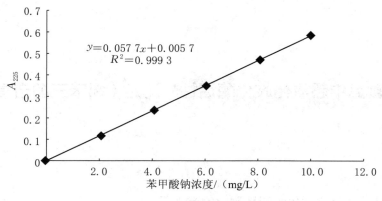

图 15-1　苯甲酸钠的标准曲线

(2) 待测试样测定：

试样编号	y 值	稀释倍数	x 值/(mg/L)	苯甲酸钠含量/(mg/L)
1	0.211	100.000	355.806	367.07
2	0.224	100.000	378.336	

实验十六 食品中超氧化歧化酶活性的测定（邻苯三酚自氧化法）

一、实验目的
1. 了解食品中超氧化歧化酶活性测定的意义。
2. 掌握邻苯三酚自氧化法测定食品中超氧化歧化酶活性的原理和方法。

二、实验原理
在碱性条件下，邻苯三酚会发生自氧化生成红橘酚，同时生成 O^{2-}，邻苯三酚的自氧化速率与 O^{2-} 的浓度有关。SOD 能催化 O^{2-} 发生歧化反应生成 H_2O_2 和 O_2，从而抑制连苯三酚的自氧化。样品对邻苯三酚自氧化速率的抑制率，可反映样品中的超氧化歧化酶（SOD）的含量。25 ℃时抑制邻苯三酚自氧化速率 50% 时所需要的 SOD 量为一个酶活力单位。

三、仪器与试剂
1. 仪器：紫外可见分光光度计，1.0 cm 石英比色皿，涡旋仪。
2. 试剂：

(1) A 液：pH8.2 0.1 mol/L，三羟甲基氨基甲烷（Tris）-盐酸缓冲溶液（内含 1 mmol/L EDTA·2Na）称取 1.211 4 g Tris 和 37.2 mg EDTA·2Na 溶于 62.4 mL，0.1 mol/L 盐酸溶液中，用蒸馏水定容至 100 mL。

(2) B 液：4.5 mmol/L 邻苯三酚盐酸溶液。称取邻苯三酚 56.7 mg 溶于少量 10 mmol/L 盐酸溶液，并定容至 100 mL。

(3) 0.1 mol/L 盐酸溶液。

(4) 10 mmol/L 盐酸溶液。

四、实验步骤
1. 邻苯三酚自氧化速率测定：在 25 ℃左右，于 10 mL 试管中依次加入 A 液 4.50 mL，蒸馏水 4.20 mL，B 液 0.300 mL。加入 B 液立即混合并倾入比色皿，分别测定在 325 nm 波长条件下初始时和 1 min 后吸光值，二者之差即邻苯三酚自氧化速率 ΔA_{325}（min^{-1}）。

2. 样液抑制邻苯三酚自氧化速率测定按(1)步骤加入 0.500 mL 样液使抑制邻苯三酚自氧化速率约为 $1/2\Delta A_{325}$（min^{-1}）。SOD 活性测定加样表如表 16-1 所示。

表 16-1 SOD 活性测定加样表

试 液	空 白	自氧化	样 液
A 液/mL	4.50	4.50	4.50
蒸馏水/mL	4.20	4.20	3.70
样液/mL	—	—	0.500
HCl/mL	0.300	—	—
B 液/mL	—	0.300	0.300
总体积	9	9	9

五、实验记录

实验数据记录表如表 16-1 所示。

表 16-2 实验数据记录表

编 号	初始 A_{325}	1 min 后 A_{325}	ΔA_{325}	SOD 酶活力/(U/mL)
空 白				/
自氧化				/
样液 1				
样液 2				

六、实验数据处理

$$\text{SOD 活力(U/mL)} = \frac{\frac{\Delta A_{325} - \Delta A'_{325}}{\Delta A_{325}} \times 100\%}{50\%} \times 9 \times \frac{D}{V} \qquad (16\text{-}1)$$

式(16-1)中：

U/mL——SOD 酶活力单位；

ΔA_{325}——邻苯三酚自氧化速率；

$\Delta A'_{325}$——样液抑制邻苯三酚自氧化速率；

D——样液的稀释倍数；

V——样液总体积(单位：mL)；

9——反应液总体积(单位：mL)。

计算结果保留 3 位有效数字。

七、实验结果与讨论

请查阅相关文献，并结合下列思考题，对本次实验结果进行分析与讨论。

八、思考题

影响邻苯三酚自氧化法测定食品中 SOD 活性的因素有哪些？如何避免？

模块二：

SHIPIN FENXI SHIYAN

现代仪器分析

实验十七 原子吸收光谱法测定矿泉水中镁的含量

一、实验目的

1. 学习原子吸收分光光度法的基本原理。
2. 了解原子吸收分光光度计的基本结构及其使用方法。
3. 掌握应用标准曲线法测定食品中的镁含量。
4. 了解从回收率来评价分析方案和测得结果的方法。

二、实验原理

原子吸收光谱（Atomic Absorption Spectroscopy，AAS），即原子吸收光谱法，是基于以下工作原理：由待测元素空心阴极灯（见图17-1）发射出一定强度和一定波长的特征谱线的光，当它通过含有待测元素的基态原子蒸气的火焰时，其中部分特征谱线的光被吸收，而未被吸收的光经单色器，照射到光电检测器上被检测，根据该特征谱线光强被吸收的程度，即可测得试样中待测元素的含量。

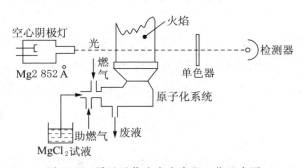

图17-1 原子吸收分光光度仪工作示意图

由于原子吸收分析是测量峰值吸收，因此需要能发射出共振线的锐线光作为光源，用待测元素空心阴极灯能满足这一要求。例如，测定试液中镁时，可用镁元素空心阴极灯做光源，这种元素灯能发射出镁元素各种波长的特征谱线的锐线光（通常选用其中 Mg 285.2 nm 共振线）。特征谱线被吸收的程度，可用朗伯-比尔定律表示：

$$A = \lg \frac{I_0}{I} = KLN_0 \tag{17-1}$$

式(17-1)中：

A——吸光度；

K——吸光系数；

L——吸收层厚度即燃烧器的缝长，在实验中为一定值；

N_0——待测元素的基态原子数。

由于在火焰温度下待测元素原子蒸气中的基态原子的分布点绝对优势，因此可用 N_0 代表在火焰吸收层中的原子总数。当试液原子化效率一定时，待测元素在火焰吸收层中的原子总数与试液中待测元素的浓度 c 成正比，因此式(17-1)可写作：

$$A = Kc \qquad (17-2)$$

式(17-2)中：K 在一定实验条件下是一常数，即吸光度与浓度成正比，遵循比耳定律。

原子吸收分光光度分析具有快速、灵敏、准确、选择性好、干扰少和操作简便等优点，目前已得到广泛应用，可对 70 多种金属元素进行分析。火焰原子吸收分光光度分析的测定误差一般为 1‰～2‰，其不足之处是测定不同元素时，需要更换相应的元素空心阴极灯，给试样中多元素的同时测定带来不便。

对于标准曲线法测定矿泉水中镁的含量，溶液中的镁离子在火焰温度下变成镁原子蒸汽，光源空心阴极镁灯辐射出波长为 285.2 nm 的镁特征谱线，被镁原子蒸汽强烈吸收，其吸收的强度与镁原子蒸汽的浓度关系符合朗伯比尔定律，利用 A 与 c 的关系，用已知不同浓度的镁离子标准溶液测出不同的吸光度，绘制标准曲线，根据测试液的吸光度值，从标准曲线求出试液中镁的含量。

回收试验：对于试样的组成不完全清楚的或分析反应不完全引起的系统误差，可以采用回收试验进行校正。该法是向试样中或标准试样中加入已知含量的被测组分的纯净物质，然后用同一方法进行测定，由测得的增加值与加入量之差，估算系统误差，并对结果进行校正。

三、实验仪器与试剂

1. 原子吸收分光光度计、空心阴极灯（镁元素）、空气压缩机、乙炔钢瓶。

2. 金属镁或碳酸镁（优级纯）、浓盐酸（优级纯）、1 mol/L HCl 溶液、去离子水或蒸馏水、容量瓶（50 mL、100 mL）、微量移液管（50 μL～5 mL）、烧杯（250 mL）。

四、实验步骤

1. 标准溶液配制：

（1）10 μg/mL Mg 标准贮备液的配置，准确称取 0.010 0 g 的高纯金属 Mg 于烧杯中，盖上表面皿，滴加 5 mL 1 mol/L HCl 溶液溶解，然后把溶液转移到 1 L 容量瓶中，用去离子水稀释至刻度，摇匀备用。

(2) Mg 标准工作液的配置,准确吸取 1.00、2.00、3.00、4.00、5.00 mL 上述镁标准贮备液于 50 mL 容量瓶中,用去离子水稀释至刻度,摇匀备用。Mg 标准工作溶液系列的浓度分别为:0.2 μg/mL、0.4 μg/mL、0.6 μg/mL、0.8 μg/mL、1.0 μg/mL。

2. 矿泉水水样的制备:

(1) 样品:准确吸取 5 mL 矿泉水样置于 25 mL 容量瓶中,用蒸馏水稀释至刻度,摇匀备用。

(2) 加标样品:准确吸取 5 mL 矿泉水样和 1 mL 10 μg/mL 的镁标准贮备液置于 25 mL 容量瓶中,再用蒸馏水稀释至刻度,摇匀备用。

3. 测量:

(1) 开机,依次打开打印机,显示器,计算机开关,等计算机完全启动后,打开原子吸收主机电源,稳定 30 min。

(2) 仪器初始化后设置仪器条件。

(3) 测量:依次打开空气压缩机的风机开关、工作开关、调节压力调节阀,使空气压力为 0.2~0.25 MPa。打开乙炔钢瓶主阀,调节出口压力为 0.05~0.06 MPa。检查水封,点击"点火"图标,火焰稳定后,首先吸喷纯净水,将塑料管插入到蒸馏水中 15 min,防止燃烧头结盐。接下来吸喷空白液,将塑料管插入到空白液中,校零,即线平直后,吸喷标准溶液。点击"开始",每测一次标准溶液前,均需吸喷空白液校零,最终得到标准曲线。按照相同操作方法测量未知样,测量完后,点击"终止",退出测量窗口,关闭乙炔钢瓶主阀,点击"确定",退出"熄火提示窗口"吸喷纯水 5 min。

(4) 关机:关闭空气压缩机,退出程序,关闭主机电源。

五、实验注意事项

1. 乙炔为易燃、易爆气体,必须严格按照操作步骤进行。在点燃乙炔火焰前,应先开空气,然后再开乙炔气,结束或暂停实验时,应先关乙炔气,后关空气,切记保障安全。

2. 空心阴极灯在安装时,不可用手去触摸石英窗口。

3. 开始测量前,先打开空心阴极灯预热 30 min 左右,保证光源稳定。

4. 实验结束后继续喷水 5~10 min,冲出残留的试样溶液。

六、实验记录

1. 记录实验条件:

(1) 仪器型号:

(2) 吸收线波长(nm):

(3) 空心阴极灯电流(mA):

(4) 狭缝宽度(mm):

(5) 燃烧器高度(mm):

(6) 乙炔流量(L·min^{-1}):

(7) 空气流量(L·min^{-1}):

2. 将镁标准工作曲线测量数据填入下表。

浓度/(μg/mL)	0.2	0.4	0.6	0.8	1.0
吸光度值					

3. 将矿泉水试样测量数据填入下表。

	1	2	平均值
试样的吸光度			
加标试样的吸光度			

七、实验数据处理

1. 通过分析,求出标准工作曲线和相关性。

2. 求出矿泉水试样中镁含量。

3. 求出加标回收率。

八、思考题

1. 简述原子吸收分光光度计的原理。

2. 原子吸收分光光度分析为何要用待测元素的空心阴极灯做光源?

3. 加标回收率如何计算?有何意义?

实验十八 气相色谱法测定茶叶中六六六、滴滴涕含量

一、实验目的

1. 学习气相色谱仪的基本原理。
2. 了解气相色谱仪的基本结构及其使用方法。
3. 掌握应用茶叶中六六六(化学名为六氯环己烷)、滴滴涕(DDT,化学名为双对氯苯基三氯乙烷)含量检测的方法。

二、实验原理

色谱法是一种分离分析技术。气相色谱法是以气体作为流动相,当它携带欲分离的混合物流经固定相时,由于混合物中各组分的性质不同,与固定相作用的程序也有所不同,因而组分在两相间具有不同的分配系数,经过相当多次的分配之后,各组分在固定相中的滞留时间有长有短,从而使各组分依次先后流出色谱柱而得到分离。

气相色谱分析法是一种高效能、高速度、高灵敏度、操作简便以及应用范围广泛的分离分析方法,只要在色谱温度适用范围内,一般来说沸点在500 ℃以下,或相对分子质量在400以下的化学热稳定物质,原则上均可采用气相色谱法进行分析。

图18-1为气相色谱的原理图。气相色谱系统可分为:载气系统、进样系统、分离系统、检测系统、记录系统。气相色谱的载气通常有氮气、氢气、氦气等,这类气体自身不与被测组分发生反应,当试样组分随载气通过色谱柱而得到分离后,根据流出组分的物理或物理化学性,可选用合适的检测器予以检测。得到电信号随时间变化的色谱流出曲线,也称色谱图。根据色谱图组分峰的出峰时间(保留时间),可进行色谱定性分析,而峰面积或峰的高度则与组分的含量有关,可以进行定量分析。常用的检测有:电子捕获检测器(ECD)、氢火焰离子化检测器(FID)、火焰光度检测器(FPD)、氮磷检测器(NPD)、热导检测器(TCD)等。

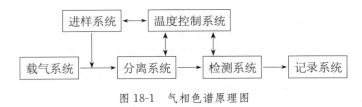

图18-1 气相色谱原理图

定性原理：利用物质在气固或气液两相中的分配系数差异进行分离的分析方法，称之为气相色谱法，按照同一物质在相同色谱条件下保留时间一致，进行气相色谱的定性分析。

定量原理：确定各组分百分含量的方法，称之为气相色谱的定量。气相色谱的定量分析是指在某种条件限定下，仪器检测系统的响应值（色谱峰面积）与相应组分的量或浓度成正比关系。这样气相色谱的定量分析首先要取得很好的分离和定性效果，即有机混合物中的各组分要被完全分离开，没有很好分离开的气相色谱结果不能进行定量分析或定量不准确。其次要解决色谱峰面积和组分浓度的关系，这方面涉及色谱峰面积准确测量，定量校正因子和定量计算方法，根据样品洗脱情况，通常的定量方法分为内标法、外标法和面积归一化法3种。

茶叶中的六六六、滴滴涕经提取、净化后用气相色谱法测定，与标准物质的图谱进行定性定量比较，可分别测出痕量的六六六、滴滴涕含量。其出峰顺序是：α-HCH、β-HCH、γ-HCH、δ-HCH、ρ,ρ'-DDE、o,ρ-DDT、ρ,ρ'-DDD、ρ,ρ'-DDT。

三、实验仪器与试剂

1. 气相色谱仪（带 ECD 检测器），色谱柱，旋转蒸发仪，离心机，粉碎机。
2. 石油醚（分析纯）、正己烷（色谱纯）、浓硫酸、无水硫酸钠、六六六、滴滴涕农药标准品。

四、实验步骤

1. 标准溶液配制：

（1）1 μg/mL 标准贮备液的配置，准确移取 1 mL 100 μg/mL 的农药母液至100 mL的容量瓶中，用乙腈定容至刻度线，摇匀备用。

（2）农药标准工作液的配置，准确吸取 0.25 mL、0.50 mL、1.00 mL、2.50 mL、5.00 mL 上述标准贮备液于 25 mL 容量瓶中，用去离子水稀释至刻度，摇匀备用。六六六、滴滴涕标准工作溶液系列的浓度分别为：10 ng/mL、20 ng/mL、40 ng/mL、100 ng/mL、200 ng/mL。

2. 仪器条件：

（1）色谱柱：HP-5 或 DB-5 石英毛细管色谱柱，30 m×0.25 mm（内径）×0.25 μm（膜厚）或相当者。

（2）色谱柱温度：70 ℃（1 min）20 ℃/min→200 ℃（2 min）20 ℃/min→300 ℃（2 min）。

（3）进样口温度：270 ℃。

（4）检测器温度：320 ℃。

（5）载气：高纯氮气（99.999%），流速 1.0 mL/min；尾吹 60 mL/min。

（6）进样量：1 μL。

（7）进样方式：不分流进样。

3. 分析步骤：

(1) 试样制备。取 100 g 茶叶样品，经粉碎机制成粉末。

(2) 净化。称取具有代表性的 2 g 茶叶粉末，加石油醚 20 mL，振荡 30 min，用滤纸过滤后除去茶渣，剩余溶液通过浓缩，定容至 5 mL，再加入 0.5 mL 浓硫酸净化，振摇 0.5 min，于 3 000 r/min 离心 15 min。取上清液过 0.45 μm 滤膜后进行气相分析。

4. 测量：

(1) 按顺序先进标准工作液，得到标准工作曲线。

(2) 将处理好的茶叶样品试液进样。

五、实验注意事项

1. 气相色谱所用的载气必须是高纯气体，纯度在 99.999% 以上。

2. 要定期更换进样器上的橡胶密封垫片，防止漏气。

3. 进样针在取样时，应先用被测试液洗涤 5、6 次，然后再缓慢抽取一定量试液，若仍有空气带入进样针内，可将针头朝上，待空气排除后，再排去多余试液便可进样。

六、实验记录

1. 记录实验条件：

(1) 仪器型号：

(2) 色谱柱型号：

(3) 载气流量：

(4) 检测器温度：

(5) 进样口温度：

(6) 进样量：

(7) 进样方式：

2. 将标准物质的检测数据填入下表。

名称	保留时间/min	名称	保留时间/min
α-HCH		p, p'-DDE	
β-HCH		o, p-DDT	
γ-HCH		p, p'-DDD	
δ-HCH		p, p'-DDT	

七、实验数据处理

1. 通过分析，求出六六六、滴滴涕标准曲线方程及相关性。

2. 将茶叶试样中六六六、滴滴涕含量填入下表。

名　称	测出值/(ng/mL)	试样含量/(mg/kg)
α-HCH		
β-HCH		
γ-HCH		
δ-HCH		
p, p'-DDE		
o, p-DDT		
p, p'-DDD		
p, p'-DDT		

八、思考题

1. 气相色谱法的原理和适用范围是什么？
2. 样品处理过程中加浓硫酸的目的是什么？

实验十九　高效液相色谱法测定饮料中合成色素的含量

一、实验目的

1. 学习高效液相色谱仪的工作原理。
2. 了解气相色谱仪的基本结构及其使用方法。
3. 熟悉饮料中合成色素检测的操作方法和原理。
4. 掌握液相色谱定性分析方法和定量分析方法。

二、实验原理

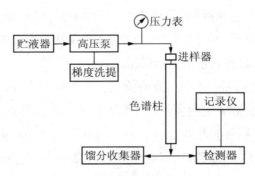

图 19-1　高效液相色谱示意图

高效液相色谱法(见图 19-1)是以液体作为流动相的一种色谱分析法,它的基本概念及理论基础,如保留值、塔板理论、容量因子等,都与气相色谱是一致的,但又有不同之处,主要体现在:

1. 流动相不同,在被测组分与流动相之间、流动相与固定相之间都存在着一定的相互作用力。
2. 由于液体的黏度较气体大两个数量级,使被测组分在液体流动相中的扩散系数比在气体流动相约小 4 或 5 个数量级。
3. 由于流动相的化学成分可进行广泛选择,并可配制成二元或多元体系,满足梯度洗脱的需要,因而提高了高效液相色谱的分辨率。
4. 高效液相色谱采用 5～10 μm 细颗粒固定相,使流动相在色谱柱上渗透性大大减少,流动阻力增大,必须借助高压泵输送流动相。
5. 高效液相色谱是在液相中进行,对被测组分的检测,通常采用灵敏的湿法光度检测器,常用的检测器有:紫外光度检验器、二极管阵列检测器、荧光检测器、示差检测器等。

6. 与气相色谱相比较,高效液相色谱同样具有高灵敏、高效能和高速度的特点,但它的应用范围更加广泛,特别是一些高沸点、难挥发、热稳定性差的物质。

根据固定相的类型与分离机制,高效液相色谱可分为:液-固吸附色谱、液-液分配色谱、离子交换色谱和凝胶渗透色谱等。其中液-液分配色谱根据固定相与液动相极性的大小,又可分为正相色谱和反相色谱。反相色谱流动相的极性强,容易带着极性分子走,而留下非极性分子,这主要用于非极性样品的分离。正相色谱固定相极性强,容易把极性分子留下,故主要用于极性样品的分离。

高效液相色谱的定性和定量分析,与气相色谱分析相似,在定性分析中,采用保留值定性。在定量分析中,采用测量峰面积的归一化法、内标法或外标法等。

饮料中的人工合成着色素经聚酰胺粉吸附法,制备成水溶液,注入高效液相色谱中进行分离,根据保留时间定性和峰面积比较进行定量。

合成色素即人工合成的色素,市场上常用的合成色素有:柠檬黄、日落黄、胭脂红、苋菜红、亮蓝等,其优点不少,如色泽鲜艳、着色力强、色调多样、价格便宜等,但它们有一个大缺点,即具毒性(包括毒性、致泻性和致癌性)。因此在食品生产加工过程中必须严格控制使用品种、范围和数量,限制每日允许摄入量(ADI)。

聚酰胺粉也称为尼龙6,是一种常见的吸附剂,本实验利用聚酰胺吸附法提取饮料中的合成色素,主要是通过其氢键吸附色素,一些天然的色素在酸性条件下被洗脱去除,而人工合成的色素在碱性条件下被洗脱收集,浓缩后可上机检测,其中吸附过程大致可分为:

吸附——洗涤——解吸附——浓缩——上机检测

三、实验仪器与试剂

1. 高效液相色谱(配紫外检测器或二极管阵列检测器),电子天平(0.000 1 g),恒温水浴锅、G3垂融漏斗,容量瓶(100 mL, 5 mL)。

2. 乙酸铵溶液(0.02 mol/L),氨水,甲酸,柠檬酸,无水乙醇,以上均为分析纯,水为超纯水,甲醇为色谱纯,柠檬黄、胭脂红、日落黄标准品(有证标准物质)。

四、实验步骤

1. 溶液的配制:

(1) 乙酸铵溶液(0.02 mol/L):称取1.54 g乙酸铵,加水至1 000 mL,溶解,经0.45 μm 微孔滤膜过滤。

(2) 氨水溶液:量取氨水2 mL,加水至100 mL,混匀。

(3) 甲醇—甲酸溶液(6+4,体积比):量取甲醇60 mL,甲酸40 mL,混匀。

(4) 柠檬酸溶液:称取20 g柠檬酸,加水至100 mL,溶解混匀。

(5) 无水乙醇-氨水-水溶液(7＋2＋1,体积比):量取无水乙醇 70 mL、氨水溶液 20 mL、水 10 mL,混匀。

(6) pH6 的水:水加柠檬酸溶液调 pH 到 6。

(7) pH4 的水:水加柠檬酸溶液调 pH 到 4。

(8) 标准溶液配制:取 3 种合成色素的标准母液,用水配制成浓度为 1 mg/mL 的标准贮备液,再根据需要用水配制成浓度分别为 20 μg/mL、50 μg/mL、100 μg/mL、200 μg/mL、400 μg/mL 的标准工作液。

2. 分析步骤:

(1) 果汁饮料及果汁、果味碳酸饮料等:称取 20~40 g(精确至 0.001 g),放入 100 mL 烧杯中。若饮料中含二氧化碳则需要加热或超声驱除二氧化碳。

(2) 吸附:样品溶液加柠檬酸溶液调 pH 到 6,加热至 60 ℃,将 1.00 g 聚酰胺粉加少许水调成粥状,倒入样品溶液中,搅拌均匀。

(3) 洗涤:将上述溶液趁热用 G3 垂融漏斗抽滤,用 60 ℃ pH 为 4 的水洗涤 3~5 次(约洗涤 30 mL),然后用甲醇-甲酸混合溶液洗涤 3~5 次(约洗涤 30 mL),再用水洗至中性。

(4) 解吸:将抽滤瓶中的溶液倒净,并用蒸馏水冲洗 2~3 次后装上 G3 垂融漏斗,再用乙醇-氨水-水混合溶液解吸 3~5 次(约 30 mL),直至色素完全解吸,收集解吸液,蒸发至近干,加水溶解,定容至 5 mL。经 0.45 μm 微孔滤膜过滤,进高效液相色谱仪分析。

3. 高效液相色谱条件:

(1) 色谱柱:C18 柱,4.6 mm×250 mm,5 μm。

(2) 进样量:10 μL。

(3) 柱温:35 ℃。

(4) 检测波长:254 nm。

(5) 梯度洗脱表如表 19-1 所示。

表 19-1 梯度洗脱表

时间/min	流速/(mL/min)	0.02 mol/L 乙酸铵溶液/%	甲醇/%
0	1.0	95	5
3	1.0	65	35
7	1.0	0	100
10	1.0	0	100
10.1	1.0	95	5
21	1.0	95	5

4. 测量：将样品提取液和合成着色剂标准使用液分别注入高效液相色谱仪，根据保留时间定性，外标峰面积法定量。

五、实验注意事项

1. 流动相必须为色谱纯，若为分析纯时，需进行重蒸处理。
2. 流动相在使用前需进行超声脱气处理。
3. 使用钨灯或氘灯前，需预热 30 min 左右。
4. 实验结束后，需用纯水和甲醇先后冲洗液相系统（进样器、色谱柱、检测器），防止试样污染。
5. 启动泵前观察从流动相瓶到离子色谱泵之间的管路中是否有气泡，如果有则应将其排除。

六、实验记录

1. 记录实验条件：

(1) 仪器型号：

(2) 色谱柱型号：

(3) 流动相及比例：

(4) 检测波长：

(5) 进样量：

(6) 柱温：

(7) 流速：

2. 将 3 种色素的保留时间填入下表。

名　称	保留时间(min)
柠檬黄	
日落黄	
胭脂红	

七、实验数据处理

1. 通过分析，求得 3 种色素的标准工作曲线。
2. 将饮料中柠檬黄、日落黄、胭脂红含量填入下表。

名　称	测出值(ng/mL)	试样含量(mg/kg)
柠檬黄		
日落黄		
胭脂红		

八、思考题

1. 高效液相色谱法的工作原理？高效液相色谱系统可分为几个部分？
2. 在高效液相色谱中，为什么可利用保留时间来定性？这种定性方法你认为可靠吗？
3. 高效液相色谱分析中流动相为何要脱气，不脱气对实验有何影响？

实验二十　离子色谱法测定肉制品中的亚硝酸盐含量

一、实验目的

1. 学习离子色谱分析的基本原理及其操作方法。
2. 掌握离子色谱法的定性和定量分析方法。
3. 掌握肉制品中亚硝酸盐检测的基本操作。

二、实验原理

离子色谱法是在经典的离子交换色谱法的基础上发展起来的,这种色谱法以阴离子或阳离子交换树脂为固定相,电解质溶液为流动相(洗脱液)。在分离阴离子时,常用 $NaHCO_3$-Na_2CO_3 混合液或 Na_2CO_3 溶液作为洗脱液;在分离阳离子时,则常用稀盐酸或稀硝酸溶液作为洗脱液。由于待测离子对离子交换树脂亲和力的不同,致使它们在分享柱内具有不同的保留时间而得到分离。此法常使用电导检测器进行检测,为削除洗脱液中强电解质对电导检测器的干扰,于分离柱和检测器之间串联一根抑制柱而成为双柱型离子色谱法。

图 20-1 为双柱型离子色谱仪流程示意图。它由高压恒流泵、高压六通进样阀、分离柱、抑制柱、再生泵及电导检测器和记录仪等部分组成。进样时试液被截留在定量管内,当高压六通进样阀转向进样时,洗脱液由高压恒流泵输入经定量管,试液被带主分离柱。在分离柱中发生如下交换过程:

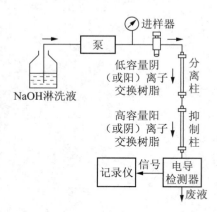

图 20-1　双柱型离子色谱仪流程图

$$R-HCO_3 + MX \underset{洗脱}{\overset{交换}{\rightleftharpoons}} RX + MHCO_3 \tag{20-1}$$

式(20-1)中,R 表示离子交换树脂。由于洗脱液不断流经分离柱,使交换在阴离子交换树脂上的各种阴离子又被洗脱,而发生洗脱过程。各种阴离子在不断进行交换及洗脱过程中,由于亲和力的不同,交换和洗脱过程有所不同,亲和力小的离子先流出分离柱,而亲和力大的离子后洗出分离柱,因而各种不同离子得到分离,通过电导检测器后显示不同的电信号(谱图)。

在使用电导检测器时,当待测阴离子从柱中被洗脱而进入电导池时,要求电导检测器能随时检测出洗脱液中电导的改变,但因洗脱液中 HCO_3^- 和 CO_3^{2-} 离子的浓度要比试样中阴离子浓度大得多,因此,与洗脱液本身电导值相比,试液离子的电导贡献显得微不足道,所以从分离柱流出的洗脱液,通过填充有高容量 H^+ 型阳离子交换树脂柱(即抑制柱),将 HCO_3^- 和 CO_3^{2-} 离子转换为电导值很小的 H_2CO_3,消除了本底电导的影响,而且试样阴离子 X^- 也转变成相应酸的阴离子。由于 H^+ 离子的离子淌度 7 倍于金属离子 M^+,因而使得试液中离子电导测定得以实现。

由于离子色谱法具有高效、高速、高灵敏和选择性好等特点,因此广泛地应用于食品、环境、能源等领域中无机阴、阳离子和有机化合物的分析,此外,离子色谱法还能应用于分析离子价态,化合形态和金属络合物等。

肉制品试样经沉淀蛋白质、除去脂肪后,采用相应的方法提取和净化,以氢氧化钾溶液为淋洗液,阴离子交换柱分离,电导检测器。以保留时间定性,外标法定量。

三、实验仪器试剂

1. 离子色谱仪:配电导检测器及抑制器,高容量阴离子交换柱 50 μL 定量环;食物粉碎机;超声波清洗器;分析天平(0.1 mg);离心机(转速≥10 000 r/min,配 50 mL 离心管);注射器(1.0 mL 和 2.5 mL);针头过滤器(0.45 μm 水性滤膜)。

2. 乙酸、碳酸钠、碳酸氢钠均为分析纯,亚硝酸钠标准品($NaNO_2$,CAS 号:7632-00-0),超纯水。

四、实验步骤

1. 试剂的配置:

(1) 乙酸溶液(3%):量取乙酸 3 mL 于 100 mL 容量瓶中,以水稀释至刻度,混匀。

(2) 氢氧化钠溶液(5 mmol/L):称取 0.020 g 氢氧化钾,加入新煮沸过的冷水溶解,并稀释至 100 mL,混匀。

(3) 洗脱液:准确称取 0.127 2 g 碳酸钠和 0.151 2 g 碳酸氢钠,用超纯水稀释至 1 L,配成 1.8 mmol/L $NaHCO_3$ 和 1.2 mmol/L Na_2CO_3 的洗脱液。

(4) 标准工作液:将 100 μg/mL 的亚硝酸钠标准母液用超纯水进行稀释定容成 1 μg/mL 的标准贮备液,再分别移取 0.5 mL、1.0 mL、2.0 mL、3.0 mL、4.0 mL、5.0 mL 的上述标准贮备液至 25 mL 容量瓶中,再用超纯水配成亚硝酸根离子浓度分别为 0.02 μg/mL、0.04 μg/mL、0.08 μg/mL、0.12 μg/mL、0.16 μg/mL、0.20 μg/mL 标准工作液。

2. 实验操作:

(1) 取具有代表性的肉制品部分或全部,用食物粉碎机制成匀浆,备用。

(2) 称取经绞碎混匀的肉制品 5.000 0 g 于 500 mL 烧杯中,加入 5 mmol/L NaOH 50 mL,于 70 ℃ 水浴中加热 30 min,取出后冷却至室温。滴加 3% 乙酸溶液约 10 mL 使细小的蛋白质沉淀完全,用去超纯水定容至 500 mL,摇匀。静止放置 10 min。用布氏漏斗过滤,用去离子冲洗。取部分滤液,以 0.45 μm 滤膜过滤后使用。

3. 仪器条件：

(1) 洗脱液:配成 1.8 mmol/L $NaHCO_3$ 和 1.2 mmol/L Na_2CO_3 的混合液；

(2) 流速:1.2 mL/min；

(3) 检测器:电导检测器,检测池温度为 35 ℃；

(4) 进样量:25 μL。

4. 测量:将样品提取液和亚硝酸钠标准工作液分别注入离子色谱仪,根据保留时间定性,外标峰面积法定量。

五、实验注意事项

1. 流动相瓶中滤头要注意始终处于液面以下,防止将溶液吸干。

2. 启动泵前观察从流动相瓶到离子色谱泵之间的管路中是否有气泡,如果有则应将其排除。

3. 每次实验完毕,通水 20 min,将泵中残留的流动相清洗干净。(注意:此步非常重要,直接关系到泵的正常使用,需断开色谱柱,用两通管替代)并需要进行后冲洗操作。

六、实验记录

1. 记录实验条件：

(1) 仪器型号：

(2) 离子交换柱型号：

(3) 洗脱液：

(4) 流速：

(5) 进样量：

2. 将亚硝酸钠标准溶液的保留时间和峰面积填入下表。

标准工作液	保留时间(min)	峰面积
0.02 μg/mL		
0.04 μg/mL		
0.08 μg/mL		
0.12 μg/mL		
0.16 μg/mL		
0.20 μg/mL		

七、实验数据处理

1. 通过分析求出亚硝酸钠的标准工作曲线及相关性。
2. 将肉制品中亚硝酸盐含量填入下表。

名　称	测出值/(μg/mL)	试样含量/(mg/kg)
样品 1		
样品 2		

八、思考题

1. 简述离子色谱仪的分离机理。
2. 电导检测器为什么可用作离子色谱分析的检测器？

实验二十一 质构仪法对面条品质的评价

一、实验目的

1. 学习质构仪的基本构造和用途。
2. 学会使用质构仪检测面条的口感以及水煮后面条的感官的变化。
3. 了解质构仪的简单维护。

二、实验原理

质构仪也叫物性测试仪,是用于客观评价食品品质的主要仪器,近年来随着其在食品行业的广泛应用,得到了科技工作者的充分肯定。质构仪具有专门的分析软件包,可以选择各种检测分析模式,并实时传输数据绘制检测过程曲线。它还拥有内部计算功能,对有效数据进行分析计算,并可对多组实验数据进行比较分析,获得有效的物性分析结果。

质构仪由主机、专用软件、备用探头及附件组成。其基本结构由一个能对样品产生变形作用的机械装置,一个用于盛装样品的容器和一个对时间和变形率进行记录的记录系统组成。质构仪的主机与微机相连,主机上的机械臂可以随着凹槽上下移动,探头与机械臂远端相接,与探头相对应的是主机的底座,探头和底座有十几种不同的形状和大小,分别适用于各样样品。质构仪所反应的主要是与物理学特性有关的食品质地特性,其结果具有较高的灵敏性与客观性,并可对结果进行准确的数量化处理,以量化的指标来客观全面地评价产品品质,从而避免人为因素对食品品质评价结果的主观影响。

仪器设计有多种探头可供选择,如:圆柱形、圆锥形、球形、针形、盘形、刀具、压榨板、咀嚼性探头等。如圆柱形探头可以用来对凝胶体、果胶、乳酸酪等做钻孔和穿透力测试以获得关于其坚硬度、坚固度和屈服点的数据;圆锥形探头可以作为圆锥透度计,测试奶酪、人造奶油等具有塑性的样本;压榨板用来测试如面包、水果和包裹着的材料的表面坚硬度;咀嚼式探头可模仿门牙咬穿食物的动作进行模拟测试。

三、实验仪器试剂

1. 质构仪(含各种配件),电磁炉、锅具。
2. 两种不同品牌的面条。

四、实验步骤

1. 面条硬度、黏度测试条件：

操作模式：下压。

实验前速：1.0 mm/s。

实验速度：2.0 mm/s。

返回速度：2.0 mm/s。

测试距离：80%。

感应力：Auto-5 g。

取点数：400 pps。

探头及附件：质构仪探头用45英寸柱型探头并使用2 kg的力量感应元。

(1) 将样品从包装中取出，放在器皿中，并倒入用开水煮3 min，取出凉5 min。

(2) 调整好质构仪适当高度，轻轻将样品于固定装置板放置平稳，并将探头高度设定为零。

(3) 在计算机点击操作软件窗口左上角任务栏"插入新测试"命令后，再点击"开始试验"，立即跳出样品测试信息窗口，在相应位置输入被测样品名称、编号。然后点击"确认"进入测试过程。

2. 拉伸探头对面条的拉伸强度进行测试：

操作模式：拉伸。

实验前速：1.0 mm/s。

实验速度：10.0 mm/s。

返回速度：2.0 mm/s。

测试距离：80 mm。

感应力：Auto-5 g。

取点数：400 pps。

探头及附件：探头(TA/SPR)并使用2 kg的力量感应元。

(1) 将样品从包装中取出，放在器皿中，并倒入用开水煮3 min，取出凉5 min和20 min，完成样品的准备后，将一根面条缠在探头上，准备实验。

(2) 调整好质构仪适当高度，轻轻将样品于固定装置板放置平稳，并将探头高度设定为零。

(3) 在计算机点击操作软件窗口左上角任务栏"插入新测试"命令后，再点击"开始试验"，立即跳出样品测试信息窗口，在相应位置输入被测样品名称、编号。然后点击"确认"进入测试过程。

五、实验注意事项

1. 样品的形状和大小是得到可重复性结果的关键。样品具有很好的均一性，保证每次样品处理方法的一致性，减少因样本形状和大小等因素对结果的影响。

2. 样品在准备好之后要立刻进行测试，否则也会因为失水等外界环境变动影响试验结果。

3. 在测试过程中，要选择好合适的探头和力量感应元。

六、实验记录

根据实验结果，记录面条的硬度、黏度、拉伸度、弹性、韧性等数据。

七、实验数据处理

通过对比，得出两种不同面条的配方与物质特性之间的关系。

八、思考题

1. 简述质构仪的工作原理。
2. 质构仪的使用过程中需要注意哪些事项？

模块三：

SHIPIN FENXI SHIYAN

感官评价

实验二十二 香精香料和基本风味物质的感官评价
（味觉和嗅觉基本识别能力测定实验）

一、实验目的
确定每个品评员区别不同样品之间性质差异的能力和区别相同样品某项性质程度大小、强弱的能力。熟悉和掌握匹配实验的方法。

二、实验原理、方法和手段
实验原理：根据事先给出的各种味道和气味的结果，判定评价员对各样品的匹配结果是否正确，从而确定每个品评员味觉和嗅觉基本识别能力的水平。

方法和手段：对于样品的味道和气味采用直接品尝和直接闻味方法；对于个人与小组的判定结果采用统计学方法计算正确率。

三、实验条件
在光线明亮、无异味存在的环境中，进行实验，每个评价员在实验过程中相互隔离，独立完成实验并填写实验结果。

四、实验内容
通过品尝和闻事先给定样品的味道和气味，来确定每个评价员区别不同样品之间性质差异的能力和区别相同样品某项性质程度大小、强弱的能力。统计每位评价员和评价员小组的正确率。

五、实验要求
要求每位评价员品尝和闻事先给定样品的味道和气味，将自己得到的结果写在记录纸上，并统计个人的正确率，实验后提交实验报告。

六、实验准备
1. 材料及样品制备：

(1) 材料：蔗糖、氯化钠、明矾、柠檬酸，各种香精。

(2) 样品制备：蔗糖 16 g/L，氯化钠 3.0 g/L，柠檬酸 0.5 g/L，咖啡因 0.1 g/L，盐酸奎宁 0.01 g/L，明矾 10 g/L，分别配制各种溶液各 1 000 mL，于室温下保存。

(3) 品评杯：按实验人数、轮次数准备。

2. 品评表设计:

(1) 方法选择:匹配实验法。

(2) 样品编码:利用随机数表或计算机品评系统进行编码。

(3) 主控表:包括品评员编号、提供样品编号等。

(4) 品评表设计。匹配实验问答卷如图 22-1 所示。

匹配实验问答卷

味道匹配:

您将得到 4~8 个编号的样品,每种样品品尝后,用纯净水漱口,再品尝下一个样品。将您品尝样品的编号和感觉到的味道,填入下栏中。

样品编号	感觉味道
_____	_____
_____	_____
_____	_____
_____	_____
_____	_____

风味匹配:

您将先后得到两组风味物质,请先闻第一组中的每一个样品,并将其样品编号填入下栏中,每闻过一个样品之后,稍事休息。然后闻第二组物质,比较两组风味物质,将第二组物质的编号写在与其相似的第一组物质编号的后面。

第一组	第二组	风味物质
_____	_____	_____
_____	_____	_____
_____	_____	_____
_____	_____	_____
_____	_____	_____
_____	_____	_____

并且请从下列物质中,将符合第一组、第二组风味的物质选择出来,记入下栏中。

酸奶 橙汁 柠檬 香草 巧克力 玉米 香芋 红果 蜜桃 鲜牛奶 菠萝

香蕉 荔枝 花生 香蜜瓜 草莓 蛋黄 葡萄 青苹果 绿豆

图 22-1 匹配实验问答卷

七、实验步骤

1. 实验前,主持人要使品评员熟悉匹配检验程序和样品特性。

2. 实验过程中,分发样品后,每个评价员独立进行品评,并记录结果。

3. 品评表汇总,记录每个品评员的反应结果。

4. 统计分析:分别统计每个评价员味觉和嗅觉匹配检验结果,分别计算正确回答人数和百分比率。

5. 结果报告:撰写实验报告。

八、注意事项及其他说明

在实验过程中,评价员不要相互商量评价结果,独立完成整个实验。

九、实验报告

预习理论课中所讲对于评价员的挑选和培训部分的原理和方法;要求按照本门课程中所学的感官评价对实验报告的有关要求撰写实验报告,提交实验报告的同时提交实验记录纸。

十、思考题

1. 实验环境对品评实验有何种影响?
2. 影响个人嗅觉和味觉的因素有哪些?

实验二十三　乳制品的感官评价（液体奶风味的三点检验法实验）

一、实验目的

通过鉴别不同厂家高温灭菌市民奶的感官差别，熟悉和掌握三点检验方法。

二、实验原理、方法和手段

实验原理：根据评价员对 3 个样品的反应，通过计算正确回答数来判断。

实验方法与手段：随机地分发样品，使 A 和 B 两样品出现的次数相等。对于 3 个样品的味道和气味，采用直接品尝和直接闻味方法判断；统计小组的判定结果，计算正确回答人数，查阅三点检验相对应的表，得出是否存在差异的结果。

三、实验条件

在光线明亮、无异味存在的环境中，进行实验，评价员在实验过程中相互隔离，独立完成实验并填写实验结果。

四、实验内容

通过品尝两厂家高温灭菌市民奶，采用三点检验的方法进行差别检验，根据小组检验结果，判定出是否存在差异。

五、实验要求

要求每位评价员品尝事先给定 3 个样品，辨别样品的味道和气味，将自己得到的结果写在记录上，并统计小组的正确人数，查阅三点检验表，得出是否存在差异的结果，实验后提交实验报告。

六、实验准备

1. 材料及样品准备：

(1) 材料：两厂家高温灭菌市民奶。

(2) 样品贮藏：样品的温度应保持一致。

(3) 品评杯：按实验人数、轮次数准备。

2. 品评表设计：

(1) 方法选择：三点检验法。

(2) 样品编码：利用随机数表或计算机品评系统进行编码。

(3) 主控表：包括品评员编号、提供样品编号等。

(4) 品评表设计。液体奶风味的三点检验法实验如图 23-1 所示。

液体奶风味的三点检验法实验

品评员：　　　　　　　　　　品评时间：

轮　　次：

1. 您将收到 3 个编码的样品。请从左到右依次对每个样品进行评估，并选择出单一的样品。若被试者有"说不准"的情况，可猜测，但不可放弃。检验时每个样品可反复评价。单个样品是_____。

2. 在你觉察到的差别程度的相应词汇上画圈：

　　没有　　很弱　　弱　　中等　　强　　很强

3. 你更喜欢哪个样品？（请在适当的空格内画"√"）

　　单个样品_____。两个完全一样的样品_____。

图 23-1　液体奶风味的三点检验法实验

七、实验步骤

1. 实验前，主持人要使品评员熟悉检验程序和产品特性。谨慎地提供给品评员关于处理效应和产品特性的启发和鼓励，给予必要的足够的信息以消除品评员的偏见。

2. 实验过程中，分发样品后，每个评价员独立进行品评，并记录结果。

3. 品评表汇总，记录每个品评员的反应结果。

4. 统计分析：计算正确的回答数（已正确鉴定了单一的样品）和总的应答数，将结果与教材中表 5-3-6 相对应的数值进行比较，并说明含义。

5. 结果报告：撰写实验报告。

八、注意事项及其他说明

准备 6 个相等的可能组合数 ABB、BAA、AAB、BBA、ABA、BAB；控制光线以减少颜色差别。

九、实验报告

预习理论课中所讲的三点检验法部分的原理和方法；要求按照本门课程中所学的感官评价对实验报告的有关要求撰写实验报告，提交实验报告的同时提交实验记录纸。

十、思考题

1. 试设计一个带特定感官问题的风味（或异常风味、商标等）的三点检验形式的实验。

2. 在自己实验的过程中，要注意哪些问题？

实验二十四 焙烤制品感官评价（饼干的偏爱度排序实验）

一、实验目的

通过对不同饼干偏爱进行品评，为产品开发、营销等做准备。熟悉和掌握感官评价排序检验方法。

二、实验内容

通过对 5 种不同饼干样品的品尝，根据每个评价员的偏爱程度进行排序，然后统计小组结果，并采用统计学方法进行计算和分析，得出最终排序结果。

三、实验原理、方法和手段

实验原理：根据品评员对样品按某单一特性强度或整体印象排序，对结果进行统计分析，确定感官特性的差异。

实验方法与手段：采用排序检验法对五种饼干样品进行偏爱度的排序，并使用 Friedman 检验和 Page 检验对被检验的样品之间是否有显著性差别做出判定。若确定了样品之间存在显著性差别是则需要应用多重比较对样品进行分组，以进一步确定哪些样品之间有显著性差别。

四、实验条件

在光线明亮、无异味存在的环境中，进行实验，每个评价员在实验过程中相互隔离，独立完成实验并填写实验结果。

五、实验要求

要求每位评价员品尝事先给定 5 个样品，根据自己喜爱程度对样品进行排序，将自己得到的结果写在记录上，并统计小组的排序结果，采用 Friedman 检验和 Page 检验对被检验的样品之间是否有显著性差别做出判定，得出小组排序结果。实验后提交实验报告。

六、实验准备

1. 材料及样品准备：

(1) 材料：市售饼干 5 种。

(2) 样品制备：样品的性状、大小等应尽量一致，并应去除商标登记号。

(3) 样品贮存：样品应放在干燥的容器或塑料袋中，使用前取出。

(4) 品评托盘:使用编号的品评托盘。

2. 品评表设计:

(1) 方法选择:排序法。

(2) 样品编号:利用随机数表或计算机品评系统进行编码。

(3) 主控表:包括品评员编号、提供样品编号等。

(4) 品评表设计。饼干的偏爱度排序如图 24-1 所示。

饼干的偏爱度排序

品评员:　　　　　品评时间:

轮　次:1

提示:您将收到系列编码的样品。请在限定时间内完成实验:依次进行品评并按从弱到强的次序进行排列,可将样品初步排定一下顺序后再做进一步调整。

检验进行时每个样品可反复评价。

需要情况下,在更换样品时,请用水漱口。

样品编码	最喜欢	喜欢	较喜欢	不喜欢	最不喜欢
745	☐	☐	☐	☐	☐
404	☐	☐	☐	☐	☐
509	☐	☐	☐	☐	☐
753	☐	☐	☐	☐	☐
856	☐	☐	☐	☐	☐

图 24-1　饼干的偏爱度排序

七、实验步骤

1. 实验前,主持人要向品评员说明检验的目的,并组织对检验方法、判定准则的讨论,使每个品评员对检验的准则有统一的理解。

2. 实验过程中,分发样品后,每个评价员独立进行品评,并记录结果。

3. 品评表汇总如表 24-1 所示,记录每个品评员的反应结果。

表 24-1　反应记录总表

品评员	秩次				
	1	2	3	4	5

4. 统计分析：将品评员对每次检验的每个特性的排序结果汇总，并使用 Friedman 检验和 Page 检验对被检验的样品之间是否有显著性差别做出判定。若确定了样品之间存在显著性差别，则需要应用多重比较对样品进行分组，以进一步确定哪些样品之间有显著性差别。

5. 结果报告：根据统计分析结果，撰写实验报告。

八、注意事项及其他说明

不应将不同的样品排为同一秩次；对不同特性应按不同特性安排不同的顺序。

九、实验报告

预习理论课中所讲的排序检验法部分的原理和方法；要求按照本门课程中所学的感官评价实验报告的有关要求撰写实验报告，提交实验报告的同时提交实验记录纸。

十、思考题

在偏爱度排序实验过程中，若样品有后味或样品或特征十分相似，这时会产生哪些问题？试举例分析。

实验二十五　仿生制品的感官评价（素火腿的描述性感官评价实验）

一、实验目的
对市售素火腿进行风味、质地、外观的描述性感官评价,熟悉和掌握描述性感官评价的方法。

二、实验内容
通过品尝市售素火腿肠样品,对其风味、质地、外观进行描述性感官评价,每位评价员根据品尝结果在事先给出描述词汇中进行选择,并给样品的每种特性强度打分,统计每位评价员的实验结果,进行 T 检验,判定其评价结果是否合理,从而的出小组结论。

三、实验原理、方法和手段
实验原理:根据评价员对样品的风味、质地、外观进行定量的描述性强度分析,通过统计学 T 检验,描绘出雷达图。

实验方法与手段:采用描述性感官检验方法,并对检验结果进行统计学 T 检验,判定其评价结果是否合理。

四、实验条件
在光线明亮、无异味存在的环境中,进行实验,每个评价员在实验过程中相互隔离,独立完成实验并填写实验结果。

五、实验要求
要求每位评价员品尝事先给定的样品,对其风味、质地、外观进行描述性感官评价,每位评价员根据品尝结果在事先给出描述词汇中进行选择,并给样品的每种特性强度打分,将自己得到的结果写在记录上,统计每位评价员的实验结果,进行 T 检验,判定其评价结果是否合理,从而得出小组结论。实验后提交实验报告。

六、实验准备
1. 材料及样品制备:

(1) 材料:市售素火腿 1 种。

(2) 样品制备:用刀切成 1 cm 厚的薄片。

(3) 样品贮藏:样品的温度应保持一致。

(4) 品评托盘：按实验人数、轮次数准备。

2. 品评表设计：

(1) 方法选择：描述性检验法。

(2) 样品编码：利用随机数表或计算机品评系统进行编码。

(3) 主控表：包括品评员编号、提供样品编号、品评表编号等。

(4) 品评表设计。品评表如表 25-1 所示。

表 25-1　品评表

样品编号		品评员		品评日期	
请评价你面前的样品,并在产品特性描述相符的描述词后打钩					
强度	5	4	3	2	1
色泽	暗黑	暗红	深红	中性红	鲜红
香气	很不习惯	习惯	吸引人	一般般	无感觉
口味	太强烈	较强烈	适合	较淡	无味
硬度	太硬	较硬	适中	较软	太软
弹性	强	较强	适中	弱	无弹性

七、实验步骤

样品——品评——打分——汇总——统计——报告

1. 观察样品的颜色。

2. 用手从直径方向按压样品,感觉其硬度。

3. 用刀将样品切成 5 mm 厚的薄片,并采用直接嗅觉法评价样品的香气。香气的评价方法：通过直接嗅觉法。评价员应当闭上嘴巴,用鼻子吸嗅挥发气味,不规定吸嗅的方法,只要在适当的时间间隔内用同样的方式即可。

4. 用手指轻轻按压样品薄片,感觉其弹性。

5. 品评口味：将切成 5 mm 厚的薄片放入口中进行品尝,在口中充分咀嚼后要咽入。每次品尝完后,用水漱口。

以上各步骤,进行结束后,立即在品评表中适当描述词处打钩。

6. 品评表汇总,如表 25-2 所示。

7. 统计分析：采用统计学 T 检验方法进行数据处理,并根据计算数据绘制雷达图。

8. 结果报告：撰写实验报告。

表 25-2　数据汇总表

品评员	色泽	香气	口味	硬度	弹性
1					
2					
3					
4					
5					
6					
7					
8					
9					
10					
平均值					
标准方差					
最大值					
最小值					
T_1					
T_2					

八、注意事项及其他说明

注意切割样品的方式,应沿样品的直径方向切割。

九、实验报告

预习理论课中所讲的描述性检验法部分的原理和方法;要求按照本门课程中所学的感官评价实验报告的有关要求撰写实验报告,提交实验报告的同时提交实验记录纸。

十、思考题

1. T 检验在单个样品描述性检验中有怎样的作用?
2. 当进行两种样品的描述性检验时,是否仍能使用 T 检验?

实验二十六 软饮料的感官评价（矿泉水的风味剖析实验）

一、实验目的
1. 鉴别不同矿泉水之间的风味差别；
2. 掌握风味剖析方法；
3. 为新产品的研制和开发提供帮助。

二、实验原理、方法和手段
实验原理：根据评价员对样品的风味进行定性和定量的描述性分析，对描述词汇和特性强度通过统计学分析进行筛选和计算，描绘出雷达图。

实验方法与手段：采用风味剖析方法，采用统计学方法对使用的描述词汇进行筛选，最终得出恰当的词汇。

三、实验条件
在光线明亮、无异味存在的环境中，进行实验，每个评价员在实验过程中相互隔离，独立完成实验并填写实验结果。

四、实验内容
通过对5种矿泉水的品尝，对其风味进行剖析，对每位评价员使用的描述词汇通过讨论和统计学方法进行筛选，最终得到恰当的词汇，并给样品的每种特性强度打分，统计每位评价员的实验结果，进行统计学分析后，得出小组结论。

五、实验要求
要求每位评价员品尝事先给定的5种样品，对其风味进行剖析；对每位评价员使用的描述词汇通过讨论和统计学方法进行筛选，最终得到恰当的词汇；给样品的每种特性强度打分，将自己得到的结果写在记录上；统计每位评价员的实验结果，进行统计学分析，得出小组结论。实验后提交实验报告。

六、实验准备
1. 材料：
(1) 5种不同矿泉水。
(2) 小烧杯或纸杯（无异味）。

2. 实验设计：

(1) 样品编码。

(2) 品评员第一轮品评：把编码的 5 种样品分发给每个品评员品评，再发给每人一张品评表(表 26-1)。然后在以下给出的描述词汇中选择恰当的词汇进行描述，可以多重选择，并填入表 26-1 中。

(3) 描述词汇：甘甜、微咸、酸、爽口、咸、微苦、清爽甘洌、入口甘美、回甜、醇甜柔和、涩。

表 26-1　初步风味描述表

日期：　　年　　月　　日　　　　　　　　　　　　品评员：

样　品	描　　　　　述
样品 1	
样品 2	
样品 3	
样品 4	
样品 5	

七、实验步骤

1. 品评员第一轮品评：把编码的 5 种样品分发给每个品评员品评，再发给每人一张品评表(见表 26-1)。然后在以上给出的描述词汇中选择恰当的词汇进行描述，可以多重选择，并填入表 26-1 中。

2. 初步整理描述词汇：把所有的描述词集中起来，然后大家讨论，把一些大家认为不恰当的描述词汇删除掉，如一些无关紧要的描述词。并把经过筛选后的词汇集中起来，放在一张表中。

3. 品评员第二轮品评：发给每个品评员一张表(见表 26-2)。其中包括所有经初步筛选出来的词汇，每个品评员将自己认为存在的风味选出来，然后在表上给该风味的强度打分即可。按照 5 分法进行打分，标准为：最强 5 分；强 4 分；中等 3 分；弱 2 分；刚好识别 1 分；无感觉 0 分。

表 26-2　风味及其强度描述表

日期：　　年　　月　　日　　　　　　　　　　　　品评员：

样　品	风味及其强度									
样品 1										
样品 2										
样品 3										
样品 4										
样品 5										

(4) 进行再次的描述词汇筛选：公式 $M=(FI)^{0.5}$ (26-1)

式(26-1)中：

F——描述词实际被述及的次数占该描述词所有可能被述及总次数的百分率，即所有可能被述及总次数＝品评员人数×样品数；

I——评价小组实际给出的一个描述词的强度占该描述词最大可能所得强度的百分率，即最大可能所得强度＝品评员人数×最大强度×样品数。

(5) 品评员第三轮品评：进行样品风味的强度评定，把再次筛选出来的词做成一张表，见表26-3。给其中的每种风味打分。

(6) 把最后得到的分取平均值后，在雷达图(见图26-1)上表示出来。

表 26-3 风味及其强度描述表

日期　　年　月　日　　　　　　　　　　　　　　　品评员：

样品	风味及其强度							
样品1								
样品2								
样品3								
样品4								
样品5								

例：样品1风味描述词的筛选。

注：将五种矿泉水当作样品1的5种产品进行品评。

表 26-4 F 值表

产品	描述词							
产品1								
产品2								
产品3								
产品4								
产品5								
次数								
F 值								

表 26-5 I 值表

产品	描述词								
产品 1									
产品 2									
产品 3									
产品 4									
产品 5									
强度									
I 值									

表 26-6 描述词分类表

参数	描述词								
I									
F									
M									
百分比									
分类									

（1）根据表 26-6 的结果，把分类中排列在最后的描述词删除掉，按照得到的描述词汇再进行一轮风味强度打分，将结果填入表 26-7 中，最后结果用雷达图表示。

表 26-7 样品 1 的数据统计结果表

风味强度	品评员															
	1	2	3	4	5	6	7	8	9	10	11	12	13	14	15	均值

八、注意事项及其他说明

1. 在品评过程中要注意描述词的选择,尽量避免不相关的描述词。
2. 由于所用的样品是矿泉水,可能有些风味感觉不出来,所以要用心品评。

九、实验报告

预习理论课中所讲的描述性检验法部分的原理和方法;要求按照本门课程中所学的感官评价实验报告的有关要求撰写实验报告,提交实验报告的同时提交实验记录纸。

十、思考题

为什么要对描述词进行反复筛选?

实验二十七 肉制品的感官评价（肉汤的基本感官实验）

一、实验目的
通过肉汤的加热时间不同，从气味、滋味、透明度观察肉汤的状态，熟悉和掌握基本的感官评价。

二、实验内容
通过肉汤的加热时间不同，从气味、滋味和透明度进行描述性感官评价，每位评价员在事先给出描述词汇中进行选择，并给样品的描述打分，统计每位评价员的实验结果。

三、实验原理、方法和手段
实验原理：根据评价员对样品的气味、滋味、透明度进行的描述性强度分析。

实验方法与手段：采用描述性感官检验方法，并对检验结果进行汇总。

四、实验条件
在光线明亮、无异味存在的环境中，进行实验，每个评价员在实验过程中相互隔离，独立完成实验并填写实验结果。

五、实验要求
要求每位评价员观察事先给定的样品，对其气味、滋味、透明度进行描述性感官评价，每位评价员根据观察结果在事先给出描述词汇中进行选择，并给样品的每种选项打分，将自己得到的结果写在记录上，统计每位评价员的实验结果，实验后提交实验报告。

六、实验准备
1. 材料及样品制备：

(1) 材料：任意一种鸡肉，平皿、烧杯、绞肉机、电磁炉、锅。

(2) 样品制备：用绞肉机绞碎。

(3) 样品贮存：样品放在冷冻室，使用前提前取出解冻。

(4) 品评托盘：按实验人数、轮次数准备。

2. 品评表设计：

(1) 方法选择：描述性检验法。

(2) 样品编码：利用随机数表或计算机品评系统进行编码。

(3) 主控表:包括品评员编号、提供样品编号等。

(4) 品评表设计(见表27-1)。

表 27-1　品评表设计

样品编号		品评员		品评日期	
请评价你面前的样品,并在产品特性描述相符的描述词后打钩。					
强　度	5	4	3	2	1
肉汤的气味	强	较强	适中	弱	无感觉
肉汤的滋味	强	较强	适中	弱	无感觉
肉汤的透明度	太油腻	偏油腻	适合	较淡	无颜色
脂肪的气味	强	较强	适中	弱	无感觉
脂肪的滋味	强	较强	适中	弱	无感觉

七、实验步骤

1. 先把鸡肉清洗干净,放进绞肉机绞碎。

2. 称取20 g绞碎的试样,置于200 mL的烧杯中,加100 mL的水。

3. 用表面皿盖上加热到50 ℃～60 ℃,开盖检查气味。

4. 继续加热煮沸到20—30 min。

5. 然后闭紧嘴巴,用鼻子吸嗅肉汤挥发的气体,然后取出适量的鸡肉沫吸嗅其气味。

6. 轻轻蘸取适量肉汤和鸡肉品尝滋味和观察其透明度。

7. 以上各步骤,进行结束后,立即品评表中适当描述词处画钩。

8. 品评表汇总。

9. 结果报告:撰写实验报告。

八、注意事项

煮的过程中小心烫伤。

九、实验报告

要求按照本门课程中所学的感官评价实验报告的有关要求撰写实验报告,提交实验报告的同时提交实验记录纸。

十、思考题

在实验过程中肉汤的气味更重,还是肉沫的气味更重?

附 录

SHIPIN FENXI SHIYAN

附录1 实验室规则

实验室规则是人们由长期的实验室工作中归纳总结出来的,它是保持正常从事实验的环境和工作秩序,防止意外事故,做好实验的一个重要前提,人人必须做到,必须遵守。

1. 实验前一定要做好预习和实验准备工作,检查实验所需的药品、仪器是否齐全。做规定以外的实验,应先经教师允许。

2. 实验时要集中精神,认真操作,仔细观察,积极思考,如实详细地做好记录。

3. 实验中必须保持肃静,不准大声喧哗,不得到处乱走。不得无故缺席,因故缺席未做的实验应该补做。

4. 爱护国家财物,小心使用仪器和实验室设备,注意节约水、电和煤气。每人应取用自己的仪器,不得动他人的仪器;公用仪器和临时的仪器用毕应洗净,并立即送回原处。如有损坏,必须及时登记补领并且按照规定赔偿。

5. 加强环境保护意识,采取积极措施,减少有毒气体和废液对大气、水和周围环境的污染。

6. 剧毒药品必须有严格的管理、使用制度,领用时要登记,用完后要回收或销毁,并把落过毒物的桌子和地面擦净,洗净双手。

7. 实验台上的仪器、药品应整齐地放在一定的位置上并保持台面的清洁。每人准备一个废品杯,实验中的废纸、火柴梗和碎玻璃等应随时放入废品杯中,待实验结束后,集中倒入垃圾箱。酸性溶液应倒入废液缸,切勿倒入水槽,以防腐蚀下水管道。碱性废液倒入水槽并用水冲洗。

8. 按规定的量取用药品,注意节约。称取药品后,及时盖好原瓶盖。放在指定处的药品不得擅自拿走。

9. 使用精密仪器时,必须严格按照操作规程进行操作,细心谨慎,避免粗枝大叶而损坏仪器。如发现仪器有故障,应立即停止使用,报告教师,及时排除故障。

10. 在使用煤气、天然气时要严防泄漏,火源要与其他物品保持一定的距离,用后要关闭煤气阀门。

11. 实验后,应将所用仪器洗净并整齐地放回实验柜内。实验台和试剂架必须揩净,最后关好电门、水和煤气龙头。实验柜内仪器应存放有序,清洁整齐。

12. 每次实验后由学生轮流值勤,负责打扫和整理实验室,并检查水龙头、煤气开关、门、窗是否关紧,电闸是否拉掉,以保持实验室的整洁和安全。教师检查合格后方可离去。

13. 如果发生意外,应保持镇静,不要惊慌失措;遇有烧伤、烫伤、割伤时应立即报告教师,及时救治。

附录2　实验室安全及防护知识

进行化学实验时，要严格遵守关于水、电、煤气和各种仪器、药品的使用规定。化学药品中，很多是易燃、易爆、有腐蚀性和有毒的。因此，重视安全操作，熟悉一般的安全知识是非常必要的。

注意安全不仅是个人的事情。发生了事故不仅损害个人的健康，还要危及周围的人们，并使国家的财产受到损失，影响工作的正常进行。因此，首先需要从思想上重视实验安全工作，决不能麻痹大意。其次，在实验前应了解仪器的性能和药品的性质以及本实验中的安全事项。在实验过程中，应集中注意力，并严格遵守实验安全规则，以防意外事故的发生。第三，要学会一般救护措施。一旦发生意外事故，可进行及时处理。最后，对于实验室的废液，也要知道一些处理的方法，以保持实验室环境不受污染。

一、实验室安全守则

1. 不要用湿的手、物接触电源。水、电、煤气使用完毕，就立即关闭水龙头、煤气开关，拉掉电闸。点燃的火柴用后立即熄灭，不得乱扔。

2. 严禁在实验室内饮食、吸烟，或把食具带进实验室。实验完毕，必须洗净双手。

3. 绝对不允许随意混合各种化学药品，以免发生意外事故。

4. 金属钾、钠和白磷等暴露在空气中易燃烧，所以金属钾、钠应保存在炼油中，白磷则可保存在水中，取用时要用镊子。一些有机溶剂（如乙醚、乙醇、丙酮、苯等）极易引燃，使用时必须远离明火、热源，用毕立即盖紧瓶塞。

5. 含氧气的氢气遇火易爆炸，操作时必须严禁接近明火。在点燃氢气前，必须先检查并确保纯度符合要求。银氨溶液不能留存，因久置后会变成氮化银，也易爆炸。某些强氧化剂（如氯酸钾、硝酸钾、高锰酸钾等）或其混合物不能研磨，否则将引起爆炸。

6. 应配备必要的护目镜。倾注药剂或加热液体时，容易溅出，不要俯视容器。尤其是浓酸、浓碱具有强腐蚀性，切勿使其溅在皮肤或衣服上，眼睛更应注意保护。稀释酸、碱时（特别是浓硫酸），应将它们慢慢倒入水中，而不以反向进行，以避免溅进。加热试管时，切记不要使试管口向着自己或别人。

7. 不要偏向容器去嗅放出的气体。面部应远离容器，用手把逸出容器的气体慢慢地扇向自己的鼻孔。能产生有刺激性或有毒气体(如 H_2O、HF、Cl_2、CO、NO_2、SO_2、Br_2 等)的实验必须在通风橱中进行。

8. 有毒药品(如重铬酸钾、钡盐、砷的化合物、汞的化合物,特别是氰化物)不得进入口内或接触伤口。剩余的废液也不能随便倒入下水道,应倒入废液缸或教师指定的容器中。

9. 金属汞易挥发,并通过呼吸道而进入人体中,逐渐积累会引起慢性中毒。所以做金属汞的实验应特别小心,不得把金属汞洒落在桌上或地上。一旦洒落,必须尽可能收集起来,并用硫黄粉盖在洒落的地方,使金属汞转变成不挥发的硫化汞。

10. 实验室所有药品不得携出室外。用剩的有毒药品应交还给教师。

11. 学生到实验室进行实验前,应首先熟悉仪器设备和各项急救设备的使用方法,了解实验楼的楼梯和出口,实验室内的电气总开关、灭火器具和急救药品的位置,以便一旦发生事故能及时采取相应的防护措施。

12. 大多数化学药品都有不同程度的毒性,原则上应防止任何化学药品以任何方式进入人体。必须注意,有许多化学药品的毒性,是在相隔很长时间以后才会显示出来的;不要将使用小量、常用化学药品的经验,任意移用于大量化学药品的情况;更不应将常温、常压下试验的经验,在进行高温、高压、低温、低压的试验时套用;当进行有危险性或在严酷条件下的反应时,应使用防护装置,戴防护面罩和眼镜。

13. 美国职业安全与健康事务管理局(OSHA)颁布了有致癌变性能的化学物质[见Chemistry and Engineering News, p.20, July 31, (1978)]。实验时应尽量少与这些物质接触,实在需要使用时应戴好防护手套,并尽可能在通风橱中操作。这些物质中特别要注意的是苯、四氯化碳、氯仿等常见溶剂,所以实验时通常用甲苯代替苯,用二氯甲烷代替四氯化碳和氯仿。

14. 许多气体和空气的混合物有爆炸组分界线,当混合物的组分介于爆炸高限与爆炸低限之间时,只要有一适当的灼热源(如一个火花,一根高热金属丝)诱发,全部气体混合物便会瞬间爆炸。某些气体与空气混合的爆炸高限和低限,以其体积分数表示,列表如附表2-1所示。

附表2-1 与空气混合的某些气体的爆炸极限(20 ℃,p^0)

气体	爆炸高限 (体积百分数)	爆炸低限 (体积百分数)	气体	爆炸高限 (体积百分数)	爆炸低限 (体积百分数)
氢	74.2	4.0	乙醇	19.0	3.2
一氧化碳	74.2	12.5	丙酮	12.8	2.6
煤气	74.0	35.0	乙醚	36.5	1.9
氨	27.0	15.5	乙烯	28.6	2.8
硫化氢	45.5	4.3	乙炔	80.0	2.5
甲醇	36.5	6.7	苯	6.8	1.4

因此实验时应尽量避免能与空气形成爆鸣混合气的气体散失到室内空气中,同时实验室工作时应保持室内通风良好,不使某些气体在室内积聚而形成爆鸣混合气。实验需要使用某些与空气混合有可能形成爆鸣气的气体时,室内应严禁明火和使用可能产生电火花的电器等,禁穿鞋底上有铁钉的鞋子。

15. 在化学实验中,实验者要接触和使用各类电气设备,因此必须了解使用电气设备的安全防护知识:

(1) 实验室所用的市电为频率 50 Hz 的交流电。人体感觉到触电效应时电流强度约为 1 mA,此时会有发麻和针刺的感觉。通过人体的电流强度到了 6.9 mA,一触就会缩手。再高电流,会使肌肉强烈收缩,手抓住了带电体后便不能释放。电流强度达到 50 mA 时,人就有生命危险,因此使用电气设备安全防护的原则,是不要使电流通过人体。

(2) 通过人体的电流强度大小,决定于人体电阻和所加的电压。通常人体的电阻包括人体内部组织电阻和皮肤电阻。人体内部组织电阻约 1 kΩ,皮肤电阻约为 1 kΩ(潮湿流汗的皮肤)到数万欧姆(干燥的皮肤)。因此我国规定 36 V 50 Hz 的交流电为安全电压,超过 45 V 都是危险电压。

(3) 电击伤人的程度与通过人体电流大小、通电时间长短、通电的途径如何有关。电流若通过人体心脏或大脑,最易引起电击死亡。所以实验时不要用潮湿有汗的手去操作电器,不要用手紧握可能荷电的电器,不应以两手同时触及电器,电器设备外壳均应接地。万一不慎发生触电事故,应立即切断电源开关,对触电者采取急救措施。

二、实验室事故的处理

1. 创伤。伤处不能用手抚摸,也不能用水洗涤。若是玻璃创伤,应先把碎玻璃从伤处挑出。轻伤可涂以紫药水(或红汞、碘酒),必要时撒些消炎粉或敷些消炎膏,用绷带包扎。

2. 烫伤。不要用冷水洗涤伤处。伤处皮肤未破时,可涂擦饱和碳酸氢钠溶液或用碳酸氢钠粉调成糊状敷于伤处,也可抹獾油或烫伤膏;如果伤处皮肤已破,可涂些紫药水或 1% 高锰酸钾溶液。

3. 受酸腐蚀致伤。先用大量水冲洗,再用饱和碳酸氢钠溶液(或稀氨水、肥皂水)洗,最后再用水冲洗。如果酸液溅入眼内,用大量水冲洗后,送医院诊治。

4. 受碱腐蚀所致伤。先用大量水清洗,再用 2% 醋酸溶液或饱和硼酸溶液洗,最后用水冲洗。如果碱液溅入眼中,用硼酸溶液洗。

5. 受溴腐蚀致伤。用苯或甘油洗濯伤口,再用水洗。

6. 受磷灼伤。用 1% 硝酸银,5% 硫酸铜或浓高锰酸钾溶液洗濯伤口,然后包扎。

7. 吸入刺激性或有毒气体。如吸入氯气、氯化氢气体时,可吸入少量酒精和乙醚的混合蒸气解毒。吸入硫化氢或一氧化碳气体而感到不适时,应立即到室外呼吸新鲜空气。但应注意氯气、溴中毒不可气体人工呼吸,一氧化碳中毒不可使用兴奋剂。

8. 毒物进入口内,将 5～10 mL 稀硫酸铜溶液加入一杯温水中,内服后,用手指伸入咽喉部,促使呕吐,吐出毒物,然后立即送医院。

9. 触电,应首先切断电源,然后在必要时进行人工呼吸。

10. 起火,起火后,要立即一面灭火,一面防止火势蔓延(如采取切断电源,移走易燃药品等措施)。灭火的方法要针对起因选用合适的方法和灭火设备(见附表 2-2)。一般的小火可用湿布、石棉布或砂子覆盖燃烧物,即可灭火。火势大时可使用泡沫灭火器。但电器设备所引起的火灾,只能使用二氧化碳或四氯化碳灭火,不能使用泡沫灭火器,以免触电。实验人员衣服着火时,切勿惊慌乱跑,赶快脱下衣服,或用石棉布覆盖着火处。

附表 2-2　常用的灭火器及其使用范围

灭火器类型	药液成分	适　用　范　围
酸碱式	H_2SO_4,$NaHCO_3$	非油类,非电器的一般火灾
泡沫灭火器	$Al_2(SO_4)_3$,$NaHCO_3$	油类起火
二氧化碳灭火器	液态 CO_2	电器、小范围油类和忌水的化学品失火
干粉灭火器	$NaHCO_3$ 等盐类、润滑剂、防潮剂	油类,可燃性气体,电器设备,精密仪器,图书文件和遇水易燃烧药品的初起火灾
1211 灭火器	CF_2ClBr 液化气体	特别适用于油类,有机溶剂,精密仪器,高压电气设备失火

11. 伤势较重者,应立即送医院。

附:实验室急救药箱

为了对实验室内意外事故进行紧急处理,应该在每个实验室内准备一个急救药箱。急救药箱内可准备的药品如附表 2-3 所示。

附表 2-3　急救药箱应准备的药品

红药水	碘　酒
獾油或烫伤膏	碳酸氢钠溶液(饱和)
饱和硼酸溶液	醋酸溶液(2%)
氨水(5%)	硫酸铜溶液(5%)
高锰酸钾晶体(需要时再制成溶液)	氯化铁溶液(止血剂)
甘油	消炎粉

另外,消毒纱布、消毒棉(均放在玻璃瓶内,磨口塞紧)、剪刀、氧化锌橡皮膏、棉花棍等,也是不可缺少的。

三、实验室废液的处理

实验中经常会产生某些有毒的气体、液体和固体,都需要及时排弃,特别是某些剧毒物质,如果直接排出就可能污染周围空气和水源,损害人体健康。因此,对废液和废气、废渣要经过一定的处理后,才能排弃。

产生少量有毒气体的实验应在通风橱内进行。通过排风设备将少量毒气排到室外,使排出气在外面大量空气中稀释,以免污染空气。产生毒气量大的实验必须备有吸收或处理装置。如二氧化氮、二氧化硫、氯气、硫化氢、氟化氢等可用导管通入碱液中,使其大部分吸收后排出,一氧化碳可点燃转化成二氧化碳。少量有毒的废渣常埋于地下(应有固定地点)。下面主要介绍一些常见废液处理的方法。

(1) 通常,无机实验中大量的废液是废酸液。废酸缸中废酸液可先用耐酸塑料网纱或玻璃纤维过滤,滤液加碱中和,调 pH 至 6~8 后就可排出。少量滤渣可埋于地下。

(2) 废铬酸洗液可以用高锰酸钾氧化法使其再生,重复使用。氧化方法:先在 110~130 ℃下将其不断搅拌、加热、浓缩,除去水分后,冷却至室温,缓缓加入高锰酸钾粉末。每 1 000 mL 加入 10 g 左右,边加边搅拌直至溶液呈深褐色或微紫色,不要过量。然后直接加热至有三氧化硫出现,停止加热。稍冷,通过玻璃砂芯漏斗过滤,除去沉淀;冷却后析出红色三氧化铬沉淀,再加适量硫酸使其溶解即可使用。少量的废铬酸洗液可加入废碱液或石灰使其生成氢氧化铬(Ⅲ)沉淀,将此废渣埋于地下。

(3) 氰化物是剧毒物质,含氰废液必须认真处理。对于少量的含氰废液,可先加氢氧化钠调至 pH>10,再加入几克高锰酸钾使 CN^- 氧化分解。大量的含氰废液可用碱性氯化法处理。先用碱将废液调至 pH>10,再加入漂白粉,使 CN^- 氧化成氰酸盐,并进一步分解为二氧化碳和氮气。

(4) 含汞盐废液应先调 pH 至 8~10,然后,加适当过量的硫化钠生成硫化汞沉淀,并加硫酸亚铁生成硫化亚铁沉淀,从而吸附硫化汞共沉淀下来。静置后分离,再离心,过滤。清液汞含量降到 0.02 mg/L 以下可排放。少量残渣可埋于地下,大量残渣可用焙烧法回收汞,但要注意一定要在通风橱内进行。

(5) 含重金属离子的废液,最有效和最经济的处理方法是加碱或加硫化钠把重金属离子变成难溶性的氢氧化物或硫化物沉积下来,然后过滤分离,少量残渣可埋于地下。

附录3　课程学习方法

食品分析实验的学习,不仅需要有一个正确的学习态度,而且还需要有一个正确的学习方法。

1. 预习。

预习是做好实验的前提和保证,预习工作可以归纳为以下几点:

(1) 看:认真阅读食品分析实验的有关章节、有关教科书及参考资料,做到:明确实验目的;了解实验原理;熟悉主要实验步骤、实验注意事项及数据的处理方法,并预习或复习基本操作、有关仪器的使用。

(2) 查:通过查阅附录或有关手册,列出实验所需的相关数据。

(3) 写:在"看"和"查"的基础上认真写好预习报告。

2. 讨论。

实验前以提问的形式,师生共同讨论,以掌握实验原理、操作要点和注意事项。观看操作录像,或由教师操作示范,使基本操作规范化。实验后组织课堂讨论,对实验现象、结果进行分析,对实验操作和素养进行评说,以达到提高的目的。

3. 实验。

按拟定的实验步骤独立操作,既要大胆,又要细心,仔细观察实验现象,认真测定数据,并做到边实验、边思考、边记录。

观察的现象,测定的数据,要如实记录在报告本上。不用铅笔记录,不记在草稿纸、小纸片上。不凭主观意愿删去自己认为不对的数据,不杜撰原始数据。原始数据不得涂改或用橡皮擦拭,如有记错可在原始数据上划一道杠,再在旁边写上正确值。

实验中要勤于思考,仔细分析,力争自己解决问题。碰到疑难问题,可查资料,亦可与教师讨论,获得指导。

如对实验现象有怀疑,在分析和查原因的同时,可以做对照实验、空白实验,或自行设计实验进行核对,必要时应多次实验,从中得到有益的结论。

如实验失败,要检查原因,经教师同意后重做实验。

4. 实验后。

做完实验仅是完成实验的一半,余下更为重要的是分析实验现象,整理实验数据,把直接的感性认识提高到理性思维阶段。要做到：

① 认真、独立完成实验报告。对实验现象进行解释,得出结论,对实验数据进行处理(包括计算、作图、误差表示)。

② 结合相关文献报道,分析产生误差的原因;对实验现象以及出现的一些问题进行讨论,敢于提出自己的见解;对实验提出改进的意见或建议。

5. 实验报告。

要求按一定格式书写,字迹端正,叙述简明扼要,实验记录、数据处理使用表格形式,作图图形准确清楚,报告本整齐清洁。

实验报告的书写,可参见附录5　实验报告作业模版,主要包括以下几个方面：

(1) 预习部分(实验前完成),按实验目的、原理(扼要)、步骤(简明)、实验注意事项(概括)几项书写。

(2) 记录部分(实验时完成),包括实验现象、测定数据,这部分称原始记录,同时,根据原始数据现场进行数据处理。

(3) 结论部分(实验后完成),包括对实验现象的分析、解释;根据数据处理得出实验结果;根据实验结果进行讨论(包括误差分析)。

附录 4　实验报告作业模版

实验一：食品中水分含量的测定

一、实验目的

……

二、实验原理

1. 实验理论原理

……

三、实验步骤

1.

2.

……

四、实验注意事项

1.

2.

……

五、实验记录

……

六、实验数据处理

……

七、实验结果与讨论(含误差分析)

1.

2.

……

八、参考文献

[1]
[2]
[3]
……

附录 5　几种常用试剂的标定

本部分参照 GB 601—2016《化学试剂 标准滴定溶液的制备》中规定的方法进行以下溶液的配制与标定。

一、硫酸标准溶液的配制与标定

[例1]　0.5、0.25、1/5.6、0.05 mol/L 硫酸标准溶液的配制及标定。

1. 配制。

(1) 分别量取 30、15、10.5、3 mL 浓硫酸(相对密度 1.84),缓缓注入蒸馏水中,冷却,并稀释至 1 000 mL,摇匀待标。

(2) 溴甲酚绿-甲基红混合指示剂:量取 30 mL 溴甲酚绿的乙醇溶液(2 g/L),加入 20 mL 甲基红的乙醇溶液(1 g/L),混匀。

2. 标定。

准确称取经 270～300 ℃ 干燥至恒重的基准物无水碳酸钠,标定 0.5 mol/L 取约 0.7 g, 0.25 mol/L 取约 0.35 g、1/5.6 mo/L 取约 0.25 g、0.05 mol/L 取约 0.07 g(准确至 0.000 2 g)。溶于 50 mL 水中,加 3 滴溴甲酚绿-甲基红混合指示液,用相应浓度的硫酸溶液滴定至溶液由绿色变为暗红色,煮沸 2 min,冷却后继续滴定至溶液呈暗红色。同时作空白试验。

3. 计算。

硫酸标准溶液的物质的量浓度按以下公式计算:

$$c = \frac{1\,000 \times m}{52.99 \times (V - V_1)} \tag{5-1}$$

式(5-1)中:

c——硫酸标准溶液的实际浓度(单位:mol/L);

m——无水碳酸钠的质量(单位:g);

V——消耗硫酸溶液的体积(单位:mL);

V_1——空白试验消耗的硫酸溶液的体积(单位:mL);

52.99——无水碳酸钠的摩尔质量(单位:g/mol)。

[例2]　当配制硫酸标准液的浓度很低时可采用分段配制法,如 0.025、1/5.6、

0.005 mol/L硫酸标准溶液的配制及标定。

1. 配制。

量取 30 mL 浓硫酸(相对密度 1.84),缓缓注入蒸馏水中,冷却并稀释至 1 000 mL,摇匀。该溶液浓度约为 0.5 mol/L,分别量取约 0.5 mol/L 的硫酸溶液 50、36、10 mL,加水至 1 000 mL 摇匀待标。

2. 标定。

准确称取量 270～300 ℃干燥至恒重的基准物无水碳酸钠,标定 0.025 mol/L,取约 1.35 g,1/56 mol/L 取约 1.0 g,0.005 mol/L 取约 0.27 g(准确至 0.000 2 g),加水溶解并定容至 1 000 mL,用移液管准确吸取 25 mL,置于 250 mL 锥形瓶中,加 3 滴溴甲酚绿-甲基红混合指示液,用相应浓度的硫酸溶液滴定至溶液由绿色变为暗红色,煮沸 2 min,冷却后继续滴定至溶液呈暗红色,同时作空白试验。

3. 计算。

硫酸标准溶液的物质的量浓度 c 按以下公式计算:

$$c = \frac{1\,000 \times m}{52.99 \times (V - V_1)} \tag{5-2}$$

式(5-2)中:

c——硫酸标准溶液的实际浓度(单位:mol/L);

m——无水碳酸钠的质量(单位:g);

V——消耗硫酸溶液的体积(单位:mL);

V_1——空白试验消耗的硫酸溶液的体积(单位:mL);

52.99——无水碳酸钠的摩尔质量(单位:g/mol)。

另一标定方法:准确吸取 25 mL 欲标定的硫酸溶液于 250 mL 锥形瓶中,加入约 50 mL 不含二氧化碳的蒸馏水及 2 滴 10 g/L 酚酞指示液,用相应浓度的氢氧化钠标准溶液滴至呈粉红色即为终点。

硫酸溶液的物质的量浓度 c 按以下公式计算

$$c = c_{(NaOH)} V_{(NaOH)} / V_{(H_2SO_4)} \tag{5-3}$$

式(5-3)中:

$c_{(NaOH)}$——氢氧化钠物质的量浓度(单位:mol/L);

$V_{(NaOH)}$——氢氧化钠的体积(单位:mL);

$V_{(H_2SO_4)}$——准确吸取欲标定的硫酸溶液体积(单位:mL)。

二、盐酸标准溶液的配制与标定

[例3] 1、0.5、0.1 mol/L 盐酸标准溶液的配制及标定。

1. 配制。

(1) 分别量取 90、45、9 mL 浓盐酸(相对密度 1.19)缓缓注入蒸馏水中,冷却并稀释至 1 000 mL,摇匀。

(2) 溴甲酚绿甲基红混合指示剂:量取 30 mL 溴甲酚绿的乙醇溶液(2 g/L),加入 20 mL 甲基红的乙醇溶液(1 g/L),混匀。

2. 标定。

按硫酸标准液的标定方法进行标定。

准确称取 1.5 g 左右的在 270~300 ℃干燥至恒重的基准物无水碳酸钠,加 50 mL 水使之溶解,再加 3 滴溴甲酚绿-甲基红混合指示剂,用 $c(HCl)=1$ mol/L 的盐酸溶液滴定至溶液由绿色转变为紫红色,煮沸 2 min,冷却至室温,继续滴定至溶液由绿色变为暗紫色。做 3 个平行试验,同时做试剂空白。

标定 $c(HCl)=0.1$ mol/L 的盐酸溶液时,步骤同上,但基准物无水碳酸钠的称取量变为 0.15 g。

3. 结果计算。

$$c = \frac{1\,000 \times m}{52.99 \times (V_1 - V_2)} \tag{5-4}$$

式(5-4)中:

c——盐酸标准滴定溶液的实际浓度(单位:mol/L);

m——基准无水碳酸钠的质量(单位:g);

V_1——样品消耗盐酸标准溶液的体积(单位:mL);

V_2——空白试验消耗盐酸标准溶液的体积(单位:mL);

52.99——$1/2Na_2CO_3$ 的摩尔质量(单位:g/mol)。

三、氢氧化钠标准溶液的配制与标定

1. 配制。

(1) 氢氧化钠饱和溶液配制:称取 120 g 氢氧化钠,加 100 mL 水,振摇使之溶解成饱和溶液,冷却后置于聚乙烯塑料瓶中,密塞,放置数日,澄清后备用。

(2) 1、0.5、1/2.8、0.1 mol/L 氢氧化钠标准溶液的配制:分别量取 52、26、18.6、5.2 mL 氢氧化钠饱和溶液,用不含二氧化碳的蒸馏水稀释至 1 000 mL。摇匀后标定。

2. 标定。

准确称取经 105~110 ℃干燥至恒重的基准邻苯二甲酸氢钾,标定 1.0 mol/L 取约 6 g,0.5 mol/L 取约 3 g,1/2.8 mol/L 取约 2 g,0.1 mol/L 取约 0.5 g(准确至 0.000 2 g),溶于 80 mL 不含二氧化碳的蒸馏水中,加 3 滴 10 g/L 酚酞指示液,立即以欲标定的氢氧化钠滴定至微红色,即为终点。同时作空白试验。

3. 结果计算。

氢氧化钠标准溶液的物质的量浓度 c 按以下公式计算：

$$c=\frac{1\,000\times m}{204.2\times(V-V_1)} \tag{5-5}$$

式(5-5)中：

c——氢氧化钠标准滴定溶液的实际浓度(单位：mol/L)；

m——基准邻苯二甲酸氢钾的质量(单位：g)；

V——氢氧化钠标准溶液的用量(单位：mL)；

V_1——空白试验中氢氧化钠标准溶液的用量(单位：mL)；

204.2——邻苯二甲酸氢钾的摩尔质量(单位：g/mol)。

附录6 常用洗涤液的配制

已经使用过的器皿,弄脏以后应用下面的洗涤液处理。

1. 铬酸洗涤液:在天平上称取研细了的重铬酸钾20 g,置于500 mL烧杯中,加水40 mL,加热使其溶解,待冷却后,再徐徐注入350 mL浓硫酸(边搅拌边加)即成。配好的洗液应为深褐色,贮于细口瓶中备用,经多次使用后至效力缺乏时,加入适量的高锰酸钾粉末即可再生,用时防止它被水稀释。

2. 氢氧化钠的高锰酸钾洗涤液:称取高锰酸钾4 g,溶于少量水中,向该溶液中徐徐注入100 mL 10%氢氧化钠溶液即成。该溶液用于洗涤油腻及有机物,洗后玻璃器皿上。留下的二氧化锰沉淀可用浓硫酸或硫酸溶液将它洗去。

3. 肥皂液及碱液洗涤液:当器皿被油脂弄脏有时用浓的碱液(30%~40%)处理或用热肥皂溶液洗涤,认真洗涤后用热水和蒸馏水清洗。

4. 硝酸洗涤液:把市售和搪瓷器皿中的污垢,用5%~10%硝酸除去,酸宜分批加入,每次都要在气体停止后加入。

5. 合成洗涤剂洗液:把市场合成洗涤剂粉末用热水冲成浓溶液,洗时放入少量溶液(最好加热),振荡后用水冲洗,这种洗涤液用于常规洗涤。

器皿清洗用自来水后用蒸馏水冲洗,如果器皿是清洁的,壁上便留有一层均匀的薄水膜。

附录7　学术出版规范　期刊学术不端行为界定（CY/T 174—2019）

一、范围

本标准界定了学术期刊论文作者、审稿专家、编辑者所可能涉及的学术不端行为。

本标准适用于学术期刊论文出版过程中各类学术不端行为的判断和处理。其他学术出版物可参照使用。

二、术语和定义

下列术语和定义适用于本文件。

1. 剽窃(plagiarism)。

采用不当手段,窃取他人的观点、数据、图像、研究方法、文字表述等并以自己名义发表的行为。

2. 伪造(fabrication)。

编造或虚构数据、事实的行为。

3. 篡改(falsification)。

故意修改数据和事实使其失去真实性的行为。

4. 不当署名(inappropriate authorship)。

与对论文实际贡献不符的署名或作者排序行为。

5. 一稿多投(duplicate submission; multiple submissions)。

将同一篇论文或只有微小差别的多篇论文投给两个及以上期刊,或者在约定期限内再转投其他期刊的行为。

6. 重复发表(overlapping publications)。

在未说明的情况下重复发表自己(或自己作为作者之一)已经发表文献中内容的行为。

三、论文作者学术不端行为类型

1. 剽窃。

(1) 观点剽窃。不加引注或说明地使用他人的观点,并以自己的名义发表,应界定为观点剽窃。观点剽窃的表现形式包括:

① 不加引注地直接使用他人已发表文献中的论点、观点、结论等。

② 不改变其本意地转述他人的论点、观点、结论等后不加引注地使用。
③ 对他人的论点、观点、结论等删减部分内容后不加引注地使用。
④ 对他人的论点、观点、结论等进行拆分或重组后不加引注地使用。
⑤ 对他人的论点、观点、结论等增加一些内容后不加引注地使用。

(2) 数据剽窃。不加引注或说明地使用他人已发表文献中的数据，并以自己的名义发表，应界定为数据剽窃。数据剽窃的表现形式包括：
① 不加引注地直接使用他人已发表文献中的数据。
② 对他人已发表文献中的数据进行些微修改后不加引注地使用。
③ 对他人已发表文献中的数据进行一些添加后不加引注地使用。
④ 对他人已发表文献中的数据进行部分删减后不加引注地使用。
⑤ 改变他人已发表文献中数据原有的排列顺序后不加引注地使用。
⑥ 改变他人已发表文献中的数据的呈现方式后不加引注地使用，如将图表转换成文字表述，或者将文字表述转换成图表。

(3) 图片和音视频剽窃。不加引注或说明地使用他人已发表文献中的图片和音视频，并以自己的名义发表，应界定为图片和音视频剽窃。图片和音视频剽窃的表现形式包括：
① 不加引注或说明地直接使用他人已发表文献中的图像、音视频等资料。
② 对他人已发表文献中的图片和音视频进行些微修改后不加引注或说明地使用。
③ 对他人已发表文献中的图片和音视频添加一些内容后不加引注或说明地使用。
④ 对他人已发表文献中的图片和音视频删减部分内容后不加引注或说明地使用。
⑤ 对他人已发表文献中的图片增强部分内容后不加引注或说明地使用。
⑥ 对他人已发表文献中的图片弱化部分内容后不加引注或说明地使用。

(4) 研究(实验)方法剽窃。不加引注或说明地使用他人具有独创性的研究(实验)方法，并以自己的名义发表，应界定为研究(实验)方法剽窃。研究(实验)方法剽窃的表现形式包括：
① 不加引注或说明地直接使用他人已发表文献中具有独创性的研究(实验)方法。
② 修改他人已发表文献中具有独创性的研究(实验)方法的一些非核心元素后不加引注或说明地使用。

(5) 文字表述剽窃。不加引注地使用他人已发表文献中具有完整语义的文字表述，并以自己的名义发表，应界定为文字表述剽窃。文字表述剽窃的表现形式包括：
① 不加引注地直接使用他人已发表文献中的文字表述。
② 成段使用他人已发表文献中的文字表述，虽然进行了引注，但对所使用文字不加引号，或者不改变字体，或者不使用特定的排列方式显示。
③ 多处使用某一已发表文献中的文字表述，却只在其中一处或几处进行引注。

④ 连续使用来源于多个文献的文字表述，却只标注其中一个或几个文献来源。

⑤ 不加引注、不改变其本意地转述他人已发表文献中的文字表述，包括概括、删减他人已发表文献中的文字，或者改变他人已发表文献中的文字表述的句式，或者用类似词语对他人已发表文献中的文字表述进行同义替换。

⑥ 对他人已发表文献中的文字表述增加一些词句后不加引注地使用。

⑦ 对他人已发表文献中的文字表述删减一些词句后不加引注地使用。

(6) 整体剽窃。论文的主体或论文某一部分的主体过度引用或大量引用他人已发表文献的内容，应界定为整体剽窃。整体剽窃的表现形式包括：

① 直接使用他人已发表文献的全部或大部分内容。

② 在他人已发表文献的基础上增加部分内容后以自己的名义发表，如补充一些数据，或者补充一些新的分析等。

③ 对他人已发表文献的全部或大部分内容进行缩减后以自己的名义发表。

④ 替换他人已发表文献中的研究对象后以自己的名义发表。

⑤ 改变他人已发表文献的结构、段落顺序后以自己的名义发表。

⑥ 将多篇他人已发表文献拼接成一篇论文后发表。

(7) 他人未发表成果剽窃。未经许可使用他人未发表的观点，具有独创性的研究（实验）方法、数据、图片等，或获得许可但不加以说明，应界定为他人未发表成果剽窃。他人未发表成果剽窃的表现形式包括：

① 未经许可使用他人已经公开但未正式发表的观点，具有独创性的研究（实验）方法、数据、图片等。

② 获得许可使用他人已经公开但未正式发表的观点，具有独创性的研究（实验）方法、数据、图片等，却不加引注，或者不以致谢等方式说明。

2. 伪造。

伪造的表现形式包括：

① 编造不以实际调查或实验取得的数据、图片等。

② 伪造无法通过重复实验而再次取得的样品等。

③ 编造不符合实际或无法重复验证的研究方法、结论等。

④ 编造能为论文提供支撑的资料、注释、参考文献。

⑤ 编造论文中相关研究的资助来源。

⑥ 编造审稿人信息、审稿意见。

3. 篡改。

篡改的表现形式包括：

① 使用经过擅自修改、挑选、删减、增加的原始调查记录、实验数据等,使原始调查记录、实验数据等的本意发生改变。

② 拼接不同图片从而构造不真实的图片。

③ 从图片整体中去除一部分或添加一些虚构的部分,使对图片的解释发生改变。

④ 增强、模糊、移动图片的特定部分,使对图片的解释发生改变。

⑤ 改变所引用文献的本意,使其对己有利。

4. 不当署名。

不当署名的表现形式包括:

① 将对论文所涉及的研究有实质性贡献的人排除在作者名单外。

② 未对论文所涉及的研究有实质性贡献的人在论文中署名。

③ 未经他人同意擅自将其列入作者名单。

④ 作者排序与其对论文的实际贡献不符。

⑤ 提供虚假的作者职称、单位、学历、研究经历等信息。

5. 一稿多投。

一稿多投的表现形式包括:

① 将同一篇论文同时投给多个期刊。

② 在首次投稿的约定回复期内,将论文再次投给其他期刊。

③ 在未接到期刊确认撤稿的正式通知前,将稿件投给其他期刊。

④ 将只有微小差别的多篇论文,同时投给多个期刊。

⑤ 在收到首次投稿期刊回复之前或在约定期内,对论文进行稍微修改后,投给其他期刊。

⑥ 在不做任何说明的情况下,将自己(或自己作为作者之一)已经发表论文,原封不动或做些微修改后再次投稿。

6. 重复发表。

重复发表的表现形式包括:

① 不加引注或说明,在论文中使用自己(或自己作为作者之一)已发表文献中的内容。

② 在不做任何说明的情况下,摘取多篇自己(或自己作为作者之一)已发表文献中的部分内容,拼接成一篇新论文后再次发表。

③ 被允许的二次发表不说明首次发表出处。

④ 不加引注或说明地在多篇论文中重复使用一次调查、一个实验的数据等。

⑤ 将实质上基于同一实验或研究的论文,每次补充少量数据或资料后,多次发表方法、结论等相似或雷同的论文。

⑥ 合作者就同一调查、实验、结果等,发表数据、方法、结论等明显相似或雷同的论文。

7. 违背研究伦理。

论文涉及的研究未按规定获得伦理审批,或者超出伦理审批许可范围,或者违背研究伦理规范,应界定为违背研究伦理。违背研究伦理的表现形式包括:

① 论文所涉及的研究未按规定获得相应的伦理审批,或不能提供相应的审批证明。

② 论文所涉及的研究超出伦理审批许可的范围。

③ 论文所涉及的研究中存在不当伤害研究参与者,虐待有生命的实验对象,违背知情同意原则等违背研究伦理的问题。

④ 论文泄露了被试者或被调查者的隐私。

⑤ 论文未按规定对所涉及研究中的利益冲突予以说明。

8. 其他学术不端行为。

其他学术不端行为包括:

① 在参考文献中加入实际未参考过的文献。

② 将转引自其他文献的引文标注为直引,包括将引自译著的引文标注为引自原著。

③ 未以恰当的方式,对他人提供的研究经费、实验设备、材料、数据、思路、未公开的资料等,给予说明和承认(有特殊要求的除外)。

④ 不按约定向他人或社会泄露论文关键信息,侵犯投稿期刊的首发权。

⑤ 未经许可,使用需要获得许可的版权文献。

⑥ 使用多人共有版权文献时,未经所有版权者同意。

⑦ 经许可使用他人版权文献,却不加引注,或引用文献信息不完整。

⑧ 经许可使用他人版权文献,却超过了允许使用的范围或目的。

⑨ 在非匿名评审程序中干扰期刊编辑、审稿专家。

⑩ 向编辑推荐与自己有利益关系的审稿专家。

⑪ 委托第三方机构或者与论文内容无关的他人代写、代投、代修。

⑫ 违反保密规定发表论文。

四、审稿专家学术不端行为类型

1. 违背学术道德的评审。

论文评审中姑息学术不端的行为,或者依据非学术因素评审等,应界定为违背学术道德的评审。违背学术道德的评审的表现形式包括:

① 对发现的稿件中的实际缺陷、学术不端行为视而不见。

② 依据作者的国籍、性别、民族、身份地位、地域以及所属单位性质等非学术因素等,而非论文的科学价值、原创性和撰写质量以及与期刊范围和宗旨的相关性等,提出审稿意见。

2. 干扰评审程序。

故意拖延评审过程,或者以不正当方式影响发表决定,应界定为干扰评审程序。干扰评审程序的表现形式包括:

① 无法完成评审却不及时拒绝评审或与期刊协商。

② 不合理地拖延评审过程。

③ 在非匿名评审程序中不经期刊允许,直接与作者联系。

④ 私下影响编辑者,左右发表决定。

3. 违反利益冲突规定。

不公开或隐瞒与所评审论文的作者的利益关系,或者故意推荐与特定稿件存在利益关系的其他审稿专家等,应界定为违反利益冲突规定。违反利益冲突规定的表现形式包括:

① 未按规定向编辑者说明可能会将自己排除出评审程序的利益冲突。

② 向编辑者推荐与特定稿件存在可能或潜在利益冲突的其他审稿专家。

③ 不公平地评审存在利益冲突的作者的论文。

4. 违反保密规定。

擅自与他人分享、使用所审稿件内容,或者公开未发表稿件内容,应界定为违反保密规定。违反保密规定的表现形式包括:

① 在评审程序之外与他人分享所审稿件内容。

② 擅自公布未发表稿件内容或研究成果。

③ 擅自以与评审程序无关的目的使用所审稿件内容。

5. 盗用稿件内容。

擅自使用自己评审的、未发表稿件中的内容,或者使用得到许可的未发表稿件中的内容却不加引注或说明,应界定为盗用所审稿件内容。盗用所审稿件内容的表现形式包括:

① 未经论文作者、编辑者许可,使用自己所审的、未发表稿件中的内容。

② 经论文作者、编辑者许可,却不加引注或说明地使用自己所审的、未发表稿件中的内容。

6. 谋取不正当利益。

利用评审中的保密信息、评审的权利为自己谋利,应界定为谋取不正当利益。谋取不正当利益的表现形式包括:

① 利用保密的信息来获得个人的或职业上的利益。

② 利用评审权利谋取不正当利益。

7. 其他学术不端行为。

其他学术不端行为包括:

① 发现所审论文存在研究伦理问题但不及时告知期刊。

② 擅自请他人代自己评审。

五、编辑者学术不端行为类型

1. 违背学术和伦理标准提出编辑意见。

不遵循学术和伦理标准、期刊宗旨提出编辑意见，应界定为违背学术和伦理标准提出编辑意见。违背学术和伦理标准提出编辑意见表现形式包括：

① 基于非学术标准、超出期刊范围和宗旨提出编辑意见。

② 无视或有意忽视期刊论文相关伦理要求提出编辑意见。

2. 违反利益冲突规定。

隐瞒与投稿作者的利益关系，或者故意选择与投稿作者有利益关系的审稿专家，应界定为违反利益冲突规定。违反利益冲突规定的表现形式包括：

① 没有向编辑者说明可能会将自己排除出特定稿件编辑程序的利益冲突。

② 有意选择存在潜在或实际利益冲突的审稿专家评审稿件。

3. 违反保密要求。

在匿名评审中故意透露论文作者、审稿专家的相关信息，或者擅自透露、公开、使用所编辑稿件的内容，或者因不遵守相关规定致使稿件信息外泄，应界定为违反保密要求。违反保密要求的表现形式包括：

① 在匿名评审中向审稿专家透露论文作者的相关信息。

② 在匿名评审中向论文作者透露审稿专家的相关信息。

③ 在编辑程序之外与他人分享所编辑稿件内容。

④ 擅自公布未发表稿件内容或研究成果。

⑤ 擅自以与编辑程序无关的目的使用稿件内容。

⑥ 违背有关安全存放或销毁稿件和电子版稿件文档及相关内容的规定，致使信息外泄。

4. 盗用稿件内容。

擅自使用未发表稿件的内容，或者经许可使用未发表稿件内容却不加引注或说明，应界定为盗用稿件内容。盗用稿件内容的表现形式包括：

① 未经论文作者许可，使用未发表稿件中的内容。

② 经论文作者许可，却不加引注或说明地使用未发表稿件中的内容。

5. 干扰评审。

影响审稿专家的评审，或者无理由地否定、歪曲审稿专家的审稿意见，应界定为干扰评审。干扰评审的表现形式包括：

① 私下影响审稿专家，左右评审意见。

② 无充分理由地无视或否定审稿专家给出的审稿意见。

③ 故意歪曲审稿专家的意见,影响稿件修改和发表决定。

6. 谋取不正当利益。

利用期刊版面、编辑程序中的保密信息、编辑权利等谋利,应界定为谋取不正当利益。谋取不正当利益的表现形式包括:

① 利用保密信息获得个人或职业利益。

② 利用编辑权利左右发表决定,谋取不当利益。

③ 买卖或与第三方机构合作买卖期刊版面。

④ 以增加刊载论文数量牟利为目的扩大征稿和用稿范围,或压缩篇幅单期刊载大量论文。

7. 其他学术不端行为。

其他学术不端行为包括:

① 重大选题未按规定申报。

② 未经著作权人许可发表其论文。

③ 对需要提供相关伦理审查材料的稿件,无视相关要求,不执行相关程序。

④ 刊登虚假或过时的期刊获奖信息、数据库收录信息等。

⑤ 随意添加与发表论文内容无关的期刊自引文献,或者要求、暗示作者非必要地引用特定文献。

⑥ 以提高影响因子为目的协议和实施期刊互引。

⑦ 故意歪曲作者原意修改稿件内容。

参考文献

[1] 戚穗坚,杨丽.食品分析实验指导[M].北京:中国轻工业出版社,2018.

[2] 高向阳.现代食品分析[M].北京:科学出版社,2012.

[3] 王永华,戚穗坚.食品分析[M].北京:中国轻工业出版社,2018.

[4] 高丹丹,郭鹏辉,祁高展.农畜产品加工与检测综合实验指导[M].北京:化学工业出版社,2015.

[5] 袁存光,祝优珍等.现代仪器分析[M].北京:化学工业出版社.2016.

[6] 杜一平.现代仪器分析方法[M].上海:华东理工大学出版社,2008.

图书在版编目(CIP)数据

食品分析实验/姜咸彪主编. —上海:复旦大学出版社,2020.5
(复旦卓越.应用型教材系列)
ISBN 978-7-309-14914-2

Ⅰ.①食… Ⅱ.①姜… Ⅲ.①食品分析-高等学校-教材 ②食品检验-高等学校-教材
Ⅳ.①TS207.3

中国版本图书馆 CIP 数据核字(2020)第 036582 号

食品分析实验
姜咸彪 主编
责任编辑/方毅超 李 荃

复旦大学出版社有限公司出版发行
上海市国权路 579 号 邮编:200433
网址:fupnet@fudanpress.com http://www.fudanpress.com
门市零售:86-21-65102580 团体订购:86-21-65104505
外埠邮购:86-21-65642846 出版部电话:86-21-65642845
上海华业装潢印刷厂有限公司

开本 787×1092 1/16 印张 7.75 字数 154 千
2020 年 5 月第 1 版第 1 次印刷

ISBN 978-7-309-14914-2/T·665
定价:36.00 元

如有印装质量问题,请向复旦大学出版社有限公司出版部调换。
版权所有 侵权必究